Über dieses Buch

Walter Henkels, »Bonns Hofchronist Nr. 1«, legt hier nach seinem Buch »Jagd ist Jagd & Schnaps ist Schnaps«, das vom Deutschen Jagdschutz-Verband preisgekrönt wurde, erneut ein Jagdbuch vor. Und auch für dieses Buch hat Reiner Zimnik, wie Henkels ein passionierter Jäger, die Illustrierung übernommen.
Henkels berichtet über seine Erlebnisse bei den Diplomatenjagden, an denen er seit gut einem Vierteljahrhundert teilnimmt. So erzählt er von einem Bundesminister und einem Verleger, die einen »Spiegel«-Korrespondenten anbleiten, oder von einem eidgenössischen Diplomaten, der sich einen Oberlandforstmeister aufs Korn nahm. Henkels versäumt es aber auch nicht, einige ironische Seitenhiebe auf das Jagdwesen in der DDR, das dort auf sozialistische Weise seine Urständ feiert, zu Papier zu bringen. Und schließlich prophezeit er, daß beim Eintritt ins 21. Jahrhundert die Jäger vermutlich »Waidwerker« heißen werden, analog – so meint er humorvoll – den Müllwerkern. Walter Henkels hat hier ein weiteres seiner köstlichen Schmunzelbücher geschrieben, an denen man nicht nur als Jagdfreund viel Vergnügen hat.

Juli 1978
Vollständige Taschenbuchausgabe
Droemersche Verlagsanstalt Th. Knaur Nachf.
München/Zürich
Lizenzausgabe mit freundlicher Genehmigung der
Econ Verlag GmbH Düsseldorf und Wien

Umschlagillustration Reiner Zimnik
Satz Appl, Wemding
Druck und Bindung Ebner, Ulm
Printed in Germany
ISBN 3-426-00543-3

Walter Henkels:
Wer einen Treiber erschießt, muß die Witwe heiraten

Supplement zu
»Jagd ist Jagd & Schnaps ist Schnaps«

Mit Zeichnungen von Reiner Zimnik

Droemer Knaur

Inhalt

1. Das Vorwort oder: Einerseits – andererseits

I.

Dies ist ein Jagdbuch, das schönfärbt, ich will es sofort gestehen. Der Titel forsch und salopp; etwas Ironie, etwas Pflaumerei, Bissigkeit, waidmännische Tabuverletzung und sogar etwas Kassandra sind eingepackt. Ein gelegentlicher Salto aus dem Ernst in die Satire wird erlaubt sein. Hemingway sollte in den kundigen Kreisen der Jäger ein Name von bestem Klang sein. Zu meinem Erstaunen, ich möchte fast sagen: zu meiner Verblüffung wird er in der deutschen Jagdliteratur so gut wie ganz unterschlagen. Der Amerikaner Hemingway existiert für die deutschen Jäger nicht, obwohl ihm die sinnliche Anschauung der Jagd über alle literarische Empfindung zur Dichtung gelungen ist. »Zwischen Jagderwartung und Jagdgenuß wird alles aus intimster Kenntnis des jägerischen Handwerks registriert: die Pirsch, die wilde Schönheit und Grazie des Animalischen, der Pulverruch des tödlichen Kernschusses. Mit der ganzen Bewußtheit des Zivilisationsmenschen, der unsere zerstörte und zerstörerische Welt flieht, um sich einem primitiven Dasein auszuliefern, hat Hemingway ein maskulines Urerlebnis fixiert, das Mensch und Tier im Schnittpunkt des gewaltsamen Todes zusammenführt« (in: »Die grünen Hügel Afrikas«).
Aber hinter dem Optimismus, der zutage tritt, werden manche Nichtjäger ein geheimes Motiv vermuten, das ihnen

nicht faßbar ist. Wir älteren Jäger bemerken, daß eine Art Massenpsychose über unser wertes Publikum zu kommen scheint. Wagte man sich bei der Deutung des Phänomens auf das offene Meer der Psychologie, müßte man von psychologischer Verwirrung sprechen. Der Jagd wird heute Geringschätzung und sogar Feindseligkeit entgegengebracht.

Ich lese es gerade in einem flott gemachten Buch schon im Klappentext: Der gesamte ökologische Kreislauf sei bereits gefährlich gestört, Ludwig Klages (aus dem Jahre 1913) wird zitiert, »vernichtet« sei »das Urlied der Landschaft«. Und bei dem großen Spiel sind wir Jäger mit »barbarischen Jagdmethoden« – natürlich – beteiligt.

Kritik an den »alarmierenden« Zuständen über den Untergang der Tiere kann nicht kräftig genug sein. Aber die »Naturschützer«, die in der Alten Welt den Ton angeben, müßten es wissen: Gäbe es in Europa die Jäger nicht, gäbe es in Europa kein Wild mehr. Unverhohlener kann sich ein Tatbestand nicht ausdrücken: Hier hausen offenbar die Wölfe und die Schafe beisammen.

II.

Das Thema Jagd sollte man vom Ideologischen nicht mehr überstrapazieren und vor allem das Triumphale herauszulassen versuchen. Zu farbenprächtigen Jagdpanoramen eignet sich das Stichwort Waidwerk ohnehin nicht mehr. Zu hohen Ehren wird die Jagd kaum noch kommen, und eine sonnige Ansichtspostkartenlandschaft ist sie nie gewesen. Das haben erfreulicherweise auch die hohen Herren vom Deutschen Jagdschutzverband erkannt.

Es ist ein altes Wort: Wir jagen um des Jagens willen. Unter uns, ich geniere mich nicht, es zu sagen, es stammt von Löns.

III.

Löns – ich vermerke das für den Fall, daß mir daraus weltanschauliche Schwierigkeiten entstehen sollten; Löns war zwar auch ein Mensch – und was für einer –, aber er war ein Typus, die heutige Generation sagt: eine Type. Die alten Neuerer unter uns Jägern sind vollauf damit beschäftigt, »grundsätzlich jede Initiative zu begrüßen, die zum Ziele hat, das deutsche Waidwerk sinnvoll fortzuentwickeln und den sich ändernden landeskulturellen und gesellschaftlichen Bedingungen anzupassen« (Stellungnahme des Wernigeroder Jagdkorporationen Senioren Convent, Spangenberg, den 13. Dezember 1975).
Über die Jagd in der DDR (». . . das sozialistische Jagdwesen«) wird man hier auch ein Kapitel Authentisches finden.

IV.

Es sind keine Fisimatenten, wenn ich sage: Jagdliche Passion ist ein Geschenk. Ich selbst, es ist heiter gemeint, jage im Wege des Armenrechts. Mit anderen Worten: Ein eigenes Jagdrevier besitze ich nicht (mehr). Ich verschmähe keine Einladung von allerhöchsten, höchsten und hohen Herrschaften und guten Freunden. Die Nachschlagewerke nennen diese Art des Jagens »nassauern«. Ich bin also ein Nassauer, was nach dem Küpper ein »Mensch (ist), der eine Darbietung unentgeltlich genießt, ein Schmarotzer«. Ich habe nie jagdlichen Ruhm erwerben wollen. Dem Eindruck einer hochgesteigerten Geistigkeit, wie ihn vereinzelt noch Jäger und Jagdzeitschriften mit dem Wort vom »edlen« Waidwerk mit seinem Brauchtum darzustellen versuchen, etwa mit dem »Helm ab!« beim Verblasen der Strecke, bin ich aus dem Wege gegangen. Keine Verrenkungen: Ich jage, weil es mir Spaß macht. Von Ideologie halte ich nicht viel. Den Qualm, der mancherorts entsteht, wenn über die Jagd an sich diskutiert wird, halte ich für Rauchzeichen eines Indianerstammes.

V.

Ernest Hemingway sei ein »Freiluftmensch« gewesen, schreibt Rolf Hochhuth in einem Einpersonenstück »Tod eines Jägers«, der in einer »spürbaren Aura des Genusses und des Wohlbefindens« lebte. Wir Jäger sind alle, oder fast alle, Freiluftmenschen, und wohl auch von der Aura des Genießens und Wohlbefindens ist etwas in uns. Der Jäger Hemingway schrieb, daß er »nie im Leben einen Sonnenaufgang versäumt« habe.

Wir sind eins mit der freien Natur, und wir wissen, wer hier das letzte Wort hat. Wenn es mit rechten Dingen zugeht, zieht sich der Jäger in sich selbst zurück, wenn er vor der gestreckten Kreatur steht und mit dem Blick auf ihr verweilt. Über dem Tod des Wildtiers walten eigene, hehre Gesetze. Solche Formulierungen – »walten eigene, hehre Gesetze« – wird der Ironiker freilich gern mit dem Spruch versehen: Phrase mit Soße. Denn damit ist man bereits in den Bereich der Jagdideologie geraten. Die Jagd, wirklich und wahrhaftig, als Religionsersatz.

VI.

Jagd ist für gewisse Leute ein Reizwort. Nicht nur für Horst Stern und das Magazin gleichen Namens. Nach ihnen ist es beschlossene Sache, daß noch das Erbe der Primaten in uns schwingt, daß Jäger atavistischer Natur sind. Wir kommen aus den allerurweltlichsten Urzeiten, saßen in Höhlen im Neandertal bei Düsseldorf und fingen das Schneehuhn mit der Hand. Sogar Kannibalismus ist nachgewiesen.
Atavismus kommt vom lateinischen atavus, Ururgroßvater, bedeutet »Rückschlag«, und gemeint ist das Wiedererscheinen von Merkmalen der Vorfahren, die den unmittelbar vorhergehenden Generationen fehlten. Der Atavismus war einmal ein wichtiges Beweismittel der Darwinschen Deszendenzlehre. Die neueren »Vererber« belächeln Darwin. Seine Deszendenztheorie, seine Abstammungslehre, vertrat die Auffassung, daß die höheren Lebewesen aus niederen hervorgegangen seien. Mit anderen Worten: Wir Jäger sind die Nachfahren des Neandertalers – flache Stirn, wenig Grütze im Oberstübchen, besonders dicke Augenwülste, fliehendes Kinn, massiges Skelett, leichte Biegung des Oberschenkelbeins. Zu besichtigen im Rheinischen Landesmuseum in Bonn, wo bekanntlich der Schädel des Neandertalers in einem Tresor aufbewahrt wird. Man kann sich den Mann mit den krummen Beinen gut auf der Pirsch vorstellen. Ich wiederhole: Wir jagen, weil es uns Spaß macht.

VII.

So faustdick, die Jagd sei eine Utopie, wird es hier nicht kommen.
Aber sie ist doch Abenteurerterrain.
Wir, die Jäger, sollten der Unbill, mit der man uns allenthalben bedenkt, schweigend begegnen. Wir machen es uns damit zwar leichter, aber wer sich zu sehr auf die Abwehr verlegt, sollte gut daran tun, sich einiges zu sagen: Daß nämlich die Abwehrwaffe zweiseitig geschliffen ist und daß sie sich unversehens gegen uns selbst kehren kann. Anders gesagt: Wir sollen zwar noch und noch Informationen in die Öffentlichkeit bringen, Jagdinformationen der beliebigsten Art. Man sollte nicht – aus gegebenem Anlaß – gleich ein Telex an den Talk-Master schicken, man habe sich nicht gut vertreten gefühlt.
Jagd mit Goldrand oder Jagd auf Goldgrund – das gibt es nicht. Die Neuzeit hat es sogar im Geschäft des Wilderns zu seltsamen Dingen gebracht. Mit dem Scheinwerfer eines Personenwagens gingen neumodische Wilderer ein starkes Stück Rotwild an, einen Geweihten – es war in Kärnten, es war dunkel, und es ist verbürgt –, aber man erlegte keinen Hirsch, sondern erschoß ein Pferd, das auf der Weide stand; der Geweihte war ein Pferd gewesen. Und es folgt – auch aus Kärnten – die Erinnerung an den amerikanischen Diplomaten aus Wien, der einen Hirsch erlegen sollte, mit gutem Wind ansaß und auf der Alm im Hochgebirge eine Kuh erschoß. Er bezahlte sie zwar, aber der Senne, der wohl wußte, was bei Diplomaten alles möglich ist, hing dem zweiten Rindvieh, das er besaß und noch zu melken gedachte, einen grobleinenen Sack um den Kuhkörper; beidseitig, einen Me-

ter hoch, war darauf zu lesen: »KUH«. Verwirrt las es der Amerikaner beim zweiten Ansitz.
Den als Ideal entworfenen Sankt Hubertus, der da mit einem Bein kniet, vor sich den Kapitalen mit dem christlichen Kreuz zwischen den Stangen, gibt es nur als legendäre Figur, als Kupferstich von Dürer, als bekannteste Darstellung von Marées aus dem 19. Jahrhundert. Für seine christlich abgewandelte Verwirklichung wollen wir ihn als »Großen Bruder« gelten lassen, so ähnlich wie den »Großen Bruder« in Orwells »1984« – utopisch.

VIII.

Wem hören die Leute zu, wenn über die Jagd geredet wird oder die Medien sich ihrer annehmen? Es gibt zwar allerhand Gesetze, aber keine Magna Charta vom Waidwerk. Bei der Diskussion über die »Monokultur« der Gewehrjagd – ich nehme die Falknerei und das Angeln hier ganz aus, die ja auch Jagd sind –, gibt es viel Aneinandervorbeireden. Es wird wenig sein, was man zuverlässig beitragen kann als Antwort auf die Fragen vor allem von Verhaltensforschern, die uns Jägern »Faschistoides« andichten, weil das Wildtier »sozusagen auf der Flucht geschossen wird« (Otto Koenig), und der Mensch habe an sich angeborenes Jägerverhalten, er sei »ein jagender Affe, um es zoologisch auszudrücken« (wieder Koenig). Was die Verhaltensforscher aus uns Jägern alles gemacht haben – ein Jubelruf auf die männliche Potenz. Doch sie sollten das mal hormonal überprüfen lassen. Es steht auf einem anderen Blatt. Koenigs Lehrer, Konrad Lorenz, hat einmal von dem nordamerikanischen Indianerstamm der Ute, bei dem der Aggressionstrieb im Menschen überhandnahm, geglaubt, daß diese Triebverstärkung erblich sei. Lorenz schildert dann das indianische Ritual der Friedenspfeife; und dieser Ritus sei ohne Zweifel segensreich. Auch wir sollten untereinander und mit unseren Gegnern, den »Naturschützern«, den Tierschutzpazifisten und den Wildschutzprotestlern, etwas mehr die Friedenspfeife rauchen. Es sind viel Naturschutzemotionen und viel Humanheuchelei dabei. Sich mit Wildschutzprotestlern, vor allem multimedialer Herkunft, oder Leuten mit Sendungsbewußtsein in Sachen Tierschutz anzulegen, ist für Jäger ein Alptraum. Man muß schon Jura studiert haben, um sich mit manchen auseinanderzusetzen, wenn es um das liebe Tier geht.

IX.

»Schweigt still von den Jägern!
Ich habe an ihren Feuern gesessen,
ich verstand ihre Sprache.
Sie kennen die Welt von Anfang her
und zweifeln nicht an den Wäldern.
Zu ihren Antworten nickt man,
auch der Rauch ihres Feuers hat recht,
und geübt sind sie,
den Schrei nicht zu hören,
der die Ordnungen aufhebt.

Nein, wir wollen fremd sein
und erstaunen über den Tod,

die ungetrösteten Atemzüge sammeln,
quer durch die Fährten gehn
und an die Läufe der Flinten rühren.«

(Günter Eich)

X.

Einerseits sind Jäger ein soziales Phänomen, andererseits ist das Waidwerk ein schillerndes Stück. Aber ultimativ ist von den Jagdgegnern bisher noch keiner geworden. Es ist wahr, daß wir jenen, die uns oft mit Recht am Zeuge flicken, den Mund verbieten möchten. Es ist wahr, daß in anderen Erdteilen ganze Reihen der Fauna auszusterben drohen. Aber gäbe es in der Alten Welt, ich wiederhole es, die Jäger nicht, es gäbe kein Wild mehr. Es ist wie ein Syndrom, das über uns, die Jäger, gekommen ist. Es gibt, wie wir dank Kurt Blüchel nun wissen, weinende Elefanten. Natürlich wird es dann auch Tränen vergießende Rehlein geben.
Es ist so gut wie aussichtslos, von den Machern der öffentlichen Meinung verstanden zu werden. Einerseits möchte ich nicht, daß sie für eine Sache – nämlich die Jagd – Partei ergreifen, von der sie nicht mehr verstehen können als das Mitglied des Tierschutzvereins »Bambi«. Andererseits ist es ihnen unmöglich, die Schwelle zu überschreiten, die zur jagdlichen Faszination hinführt. Da hilft auch kein Öffentlichkeits- und Pressereferat der Jägerschaft. Wir Jäger werden mit der öffentlichen Meinung stets in Spannung zu leben genötigt sein. Es kommt darauf an, wie wir selber das Waidwerk bemessen.

Wachtberg-Ließem über Bonn,
im Herbst 1976 *Walter Henkels*

2. *Die Fasanenhähne sehen aus, als ob sie Talare trügen*

Sieben dreißigjährige Baumexemplare der Zwetsche, im Rheinland Backpflaume genannt, begrenzen das Grundstück hangab; darunter hat der Bauer Hüllen seine Viehweide, jeden Sommertag in der Frühe und an jedem Abend, bevor der Tag zur Neige geht, wird dort das Schwarzweißgefleckte gemolken. Unterhalb der Viehweide liegt noch der Aussiedlerhof des Bauern Knauf, von Obstkulturen umgeben.
Weit verläuft das Talrund, rechts hügelan, links hügelan, Landschaftsschutzgebiet, zum Greifen nahe der Rhein, keine zwei Kilometer entfernt, mitten im Panorama und Diorama der dicke Schornstein der Godesberger Müllabfuhr, jenseits des Stromes Königswinter mit dem Siebengebirge. Genug zum Lobsingen, abzüglich dieses qualmenden Schornsteins, für den jeder der Stadtväter, die ihn beschlossen, noch acht Tage an den Pranger sollte.
Obwohl ich hier zum Jagen nicht berechtigt bin und mein Dilemma insofern offenkundig ist, mit großer Unbefangenheit kann ich es sagen: Ich habe auf meinem eigenen Bungalow-Grundstück Fasan, Has' und Kanin, im Winter ein Rebhuhnvolk. Ein Rehbock fegte, ich schaute zu, und verirrt hatten sich wohl aus dem nahen Bonner Kottenforst einmal ein Schwarzwildüberläufer und ein Stück Damwild, doch dies nur unter Hinterlassung des Fährtenbildes. Ich füge hinzu: am liebsten sind mir die Fasanen, die links hangabwärts, hundert Meter vom Haus, ihre Schlafbäume haben.

Es war vor dem Ersten Weltkrieg, als sie Adolf Prinz zu Schaumburg-Lippe, verheiratet mit der Schwester Viktoria des letzten Deutschen Kaisers Wilhelm II., die 1927 mit dem vierunddreißig Jahre jüngeren russischen Abenteurer Zoubkoff, der später als lästiger Ausländer ausgewiesen wurde und spurlos verschwand, ein für die Journale gefundenes Fressen, eine Liebesaffäre, lieferte – dieser Prinz setzte hier, in diesem Tal, die Fasanen aus. Er wohnte im Palais in Bonn, das Ende der vierziger Jahre der Sitz des Bundeskanzlers wurde. Die »Hochfürstliche Durchlaucht«, wie er tatsächlich angeredet wurde, zuerst Rittmeister, später Generalmajor à la suite, kam oft von Bonn in einer einspännigen Gig, neben sich den Setter, hier ins sogenannte Drachenfelser Ländchen, um bei Ließem und Niederbachem mit dem Hund zu buschieren auf Hasen, Karnickel und Fasanen. Der Prinz, etwas gutmütigen Schlages, war ein friedlicher Mensch, unterhielt sich mit den Bauern über die Wildschäden, und schließlich brachte er ihnen den Unterschied beim Jagdfasan (Phasianus colchicus), dem chinesischen (Phasianus torquatus) und dem mongolischen Ringfasan (Phasianus mongolicus), zwischen denen mit und ohne Halsring bei. Der colchicus mongolicus, von kräftiger, gedrungener Gestalt, und der in China beheimatete colchicus torquatus, mit etwas blauem Bürzel, vermischten sich. Die Population ist ihnen nicht schlecht bekommen. Die Hähne sehen aus, als ob sie Talare trügen. Es gibt nichts Schöneres als die Jagd auf den Fasan.

Der Fasan gewann auch hier, wie in seiner Heimat, ein fast vertrautes Verhältnis zum Menschen. Auf meinem Grundstück kommt er bis auf einige Meter an die Terrasse heran und stiftet weder beim Teckel noch bei der Katze Verwirrung. Das Verhältnis Mensch–Fasan scheint sich der Deutung zu entziehen. Der Grundsatz wird nicht angezweifelt, daß auch das Wildtier zum Essen da ist; der Fasan ist eine besondere Delikatesse.

Von mir, obwohl ich viel auf Fasanen gejagt habe, kann ich etwas Zulängliches, mehr als das, was man weiß, nicht beitragen.

Der Nistort ist ein Gestrüpp in einer Wiese talwärts, wo fast jedes Jahr, wie mir der alte Ortsvorsteher Köllen erzählte, ein Gelege ausgemäht wird und die brütende Henne unter Hinterlassung ihrer Ständer abstreicht. Man ist dem Bereich des Mordes nahe. Wie leicht wäre eine Verständigung zwischen Jäger und Bauer kurz vor dem Mähen. Merke dir: Fasanengelege in Wiesen, die schon im Mai gemäht werden, durch Abgehen mit dem Hund suchen. Hochbebrütete Gelege (ein Ei zertrümmern) an Ort und Stelle lassen, wenn die Möglichkeit besteht, daß sie noch vor dem Mähen ausfallen. Den Bauern bitten, das Mähen um einige Tage zu verschieben. Das Stehenlassen eines Fleckchens Wiese um das Gelege ist nur sinnvoll, wenn dieses voraussichtlich in vierundzwanzig Stunden ausfällt, wenn also die Küken im Ei voll entwikkelt sind. Bester Schutz für solche Gelege, riet der alte Wildmeister Behnke, ist der Eisenreifen eines alten Wagenrades, der von Raubzeug selten überschritten wird. Im Juni beim Grünfutterabsuchen gefundene Fasanengelege mit alten durchschwitzten Socken oder ähnlichem gegen Raubzeug verwittern (ebenfalls Behnke).

Tiere, sagt man, hätten keine Seele; vielleicht ist das wahr. Nur der heilige Franziskus, der Vater der armen Kreatur, war da anderer Meinung. Wenn sich die schillernden Fasanenhähne im Frühjahr bei der Balz bekämpfen, und sie tun es mit großer Hartnäckigkeit, ich sehe es oft, dann schicken die Hennen sich an, dem Herren der Schöpfung zu Willen zu sein. Der Gockel kräht und schreit, macht sich weithin vernehmbar, schlägt mit den Schildern und versucht, den Text seines Schreis in unsere Sprache zu übersetzen. Stößt er Protest aus seiner Kehle? Oder Zuspruch für die Hennen? Oder sind das Überredungskünste? Die Verhaltensforscher sollten sich mal bemühen.

Will der Gockel den grauen Hennen gegenüber seine Schönheit mit dem farbigen Federkleid noch mehr beschönigen? Oder ist es eine Verschleppungstaktik des Hahns? Oder Einschüchterung? Oder will die Henne die Frühjahrsbalz verharmlosen, indem sie sich keineswegs demokratisch verhält, sondern dem Hahn einspruchslos erlaubt, bei ihr die Cour zu schneiden, obwohl er das Wort Treue nicht kennt?

Die Paarung ist das Geheimnis, welches die Welt erhält, anders ist es wohl nicht auszudrücken. Ein Fasanenhahn tritt bis zu sechs Hennen. Daß der Gockel kein monogamer Typ ist und sich auch später ums Gelege und ums geschlüpfte Gesperre nicht kümmert, wie etwa der Rebhahn, weiß nun wohl jeder. Außer Krähen ist übrigens kein Vogel so streitsüchtig wie der Fasanenhahn.

Was wir als Erkenntnis zuwege bringen über das Wildtier im eigenen Garten, die Aufmerksamkeit vor allem dem Fasan zugewandt, ist nicht wenig. Er gibt uns, wenn auch bruchstückhaft, etwas von der Mitwisserschaft im Leben der Kreatur. Wie gut, daß vor über einem halben Jahrhundert der Prinz zu Schaumburg-Lippe den Fasan hierherbrachte.

So gut wie nichts hat sich seitdem geändert, wenn man mir erlauben will, das zu sagen.

3. *Auf Sauen im Warndt*

Still sinnend an des Baches Rand kann man da sitzen. Der Bach, noch kein Flüßchen, zieht der mittleren Saar entgegen. Man kann es Angewohnheit nennen, was der Bach tut: er gluckert. Gluckert? Eigentlich nicht. Der Bach schwätzt. Der Bach kommt aus dem Warndt, das ist eine Sauerstoffabrik riesigen Ausmaßes, nach dem Brockhaus ein großes Waldgebiet westlich von Saarbrücken; bis zum 16. Jahrhundert war er, alles laut Lexikon, unerschlossen und »verwarnter, verbotener Weg«.

Der Warndt – das sind viertausendachthundert Hektar – ist von drei Seiten, von Osten, Süden und Westen, von Lothringen eingeschlossen, und die tiefliegenden Fettkohlenflöze des Warndt sind die wertvollsten Kohlenlagerstätten des Saarlandes. Ganz und gar unsentimental und in der Tendenz kräftig kann man das sagen, daß diese fette Kohle nach den beiden Weltkriegen ein Politikum erster Ordnung wurde. Der Warndt ist eine Hügellandschaft; er und die fernen Hügelketten Lothringens, bedeckt zum großen Teil mit Mischwald und Nadelhölzern, sind eine Landschaft von höchster Eindringlichkeit – und übrigens auch von Kriegsgeschichte.

Wer noch etwas von dem Sturm auf die Spicherer Höhen weiß, bei der Stadt Forbach, südlich Saarbrückens, erinnert sich vielleicht der 13. preußischen Division, die am 6. August 1870 unter dem General von Glümer die Franzosen umging, so daß Glümers Generalskollege Frossard von der anderen Feldpostnummer, von zwei Seiten bedroht, den Rückzug antrat. Oder hat man den Frossard, der aus dem französischen Geniekorps kam und nach Spichern noch bei Mars-la-Tour und Gravelotte kämpfte und später einen Rapport über die Festung Metz schrieb, ganz vergessen? Und am Beginn der beiden Weltkriege war der Warndt gewissermaßen Niemandsland zwischen Maginotlinie und Siegfriedlinie; er lag außerhalb des Westwalles. Links der Saar hatte man die Dörfchen evakuiert. Im Winter 1939/40 war an der Westfront nichts Besonderes. Lapidar hieß es im Wehrmachtsbericht: »Im Westen geringe Spähtrupptätigkeit.« Die Franzosen erfanden den Namen für diese komische Kriegführung: »le drole de guerre«, der drollige Krieg.

Geringe Spähtrupptätigkeit, das hieß, eine Gruppe Soldaten schlich sich ins Niemandsland, und wer Entschlußkraft hatte, ließ es auch mal ein bißchen knallen. Aber Krieg war das nicht.

Still sinnend an des Baches Rand – ich sitze auf dem Hochsitz, ganz nahe schwätzt es dahin; der Förster sagt, genau auf der deutsch-französischen Grenze sitze man. Ja, die Welt hat sich geändert. Generäle hatten immer ein heißes Herz und eine kalten Verstand. Keine Maginotlinie, kein Westwall mehr. Jetzt ist hier nur Natur, Gegend und Umgegend und nichts mehr von Krieg.

Es nimmt nicht wunder, daß für dieses riesige Gebiet kaum die Fremdenverkehrstrommel gerührt wird. Kein Auge eines Reiseunternehmens ist auf den Warndt gerichtet. Man hat das erstaunliche Kunststück fertiggebracht, den Warndt vom Tourismus auszusparen. Im nahen Saartal hat sich zwar mächtig die Industrie breitgemacht; das nächstgelegene ist

Völklingen, einen Katzensprung entfernt von Saarbrücken. Aber dieses Naherholungsgebiet wird weitgehend übersehen. Da sind, man muß das Diminutiv verwenden, ein paar Dörflein, meist Wald, sogar Hochwald, da und dort etwas Akker, ein Waldrevier. Da liegen Karlsbrunn, das alte Jägerdorf, und St. Nikolas, Emmersweiler und das Dorf im Warndt, das Rosseltal, im Hintergrund das lothringische Forbach mit dem Schloßberg, Naßweiler, Lauterbach und Ludweiler, und damit hat es sich schon. Ein Hund bellt. Irgendwo macht es Kikeriki. Abends der schwache Schein einer Einsiedelei.
Doch, das ist wahr: In der Frühe und spät am Abend steht Rehwild an den Wiesenrändern. Es scheint nur so eine Art Laune, daß es im Warndt kein Rotwild und kein Damwild mehr gibt. Aber Sauen gibt es, das Zigeunerwild, eine verlotterte Bande, die gelegentlich Schäden macht. Kräftig rauschen die Bäume. Oder auch nicht; dann ist es ganz still. Der

liebe Gott geht durch den Wald. Auf der Chaussee, sagt der Förster, ist's ihm zu kalt.
Der Lebensmotor bei den Sauen läuft immer auf Touren. Eine Rotte, sieben, acht, zehn Stück, tropft sichernd und ganz vorsichtig aus einer Dickung. Die Sauen haben es gut. Ich will ihnen gar nicht an den Kragen, oder genauer: an die Schwarte, denn ich sitze hier nur so, um ein paar fruchtbringende Gedanken zu wälzen oder zu erwägen. Dann eine ganze Weile nichts, außer daß die Rotte im Gebräche steht. Die Bache, also das Muttertier, mit den Überläufern und den starken Frischlingen, die der Förster »de kleen Wutzjer« nennt, denkt: Ich bin zu gut für diese Welt, der Jäger schießt nicht einmal. Ein Mäusebussard im Tiefflug. Die Sauen pöbeln ihn etwas an, dann streicht er mit schönem Schwung über die hohen Buchen.
Der Herr Oberlandforstmeister, der mächtige Bartkoteletten hat, die bis unters Kinn laufen, und der so aussieht, als ob er gern Ostfriesenwitze erzähle und alles kleinschreibe – aber das tat stefan george auch –, hatte mir gesagt, im Forstamt Warndt schieße man jährlich 150 Stück Schwarzwild und 250 Stück Rehwild. Insofern wirtschaftet man mit der Natur so herum, des Gleichgewichts wegen.
Mit unserer Drückjagd ist einiges danebengegangen. Ich hatte keinen Anlauf, wurde keinen Schuß los und sagte zum verlegenen Jagdherrn, dem Herrn Oberstaatsanwalt, der einen gern zu Schuß gebracht hätte, das alte Jägerwort, das wegen seines Tiefsinns so eindrucksvoll ist: Bei der Jagd gibt es nichts, was es nicht gibt.
Mit so einem Satz steht man nicht einmal vereinzelt da.

4. *Aus der Diplomatie – über Kimme und Korn*

Schrotschuss für Dolmetscher und einen »Spiegel«-Korrespondenten

Zur Institution der Diplomatie gehört die Diplomatenjagd. Im Geisterholz im westfälischen Oelde, in Wald, Feld und Flur, fand sie statt, Lübke war Bundespräsident und oberster Kriegsherr, Jagdherr aber der Landwirtschaftsminister von Nordrhein-Westfalen, Gustav Niermann. Ich füge hinzu: dionysische Lust befestigte an diesem Novembertag Anno Domini 1965 den Bund der diplomatischen Waidmänner.
Hermann Höcherl, Bundesminister im Ressort Ernährung, Landwirtschaft und Forsten, war das einzige Bonner Kabinettsmitglied. Er ist Bayer von Hause und Biertrinker mit einer exzellenten Nase für das dazugehörige Stamperl Wacholder. Das akkreditierte Volk in Bonn, die Diplomaten, hörte am Vorabend gegen Mitternacht nicht dem Bundespräsidenten, sondern dem mit Witz, Wachheit, Charme und Erzählkunst begabten Hermann Höcherl zu, der am Kopfende eines Tisches saß, wie ein Erzabt, der sich gleich anschickt, seinem Konvent den Nachtsegen zu sprechen oder die Leviten zu lesen. Höcherl hatte kurz vorher bei einem Hans-Moser-Nuschelwettbewerb den ersten Preis bekommen. Moser selbst sei nur auf den zweiten Platz gekommen, erzählte Höcherl.
Nach dem ersten Treiben am nächsten Tag, so befand der

Bundesminister in der mitternächtlichen Runde so lakonisch wie möglich, werden ein Journalist und ein Politiker freigegeben; zum Abschuß, versteht sich. Dann machte Höcherl ein Gesicht wie der Moser, wenn er sich als Kellner sein Serviertuch abrupt unter den Arm klemmt, sich auf dem Absatz umdreht und enteilt, wie ein Lama spuckend.

Die Jagd, wie es üblich war, begann mit einem Fasanentreiben. Botschafter großer Nationen, der Bundesminister Höcherl und, wie es sich gehört, die Korrespondenten zweier Weltblätter als Flügelmänner, der Graf Finck von Finckenstein darunter, bekamen ihren Stand auf einem Damm, nur dorthin konnten die Fasanen abstreichen. Es waren alles »Kaiserstände«, die Kanonade entsprechend. Wo immer einer an die Mühe denkt, die sich Gott mit Diplomaten, Journalisten und Politikern gemacht hat: das Ergebnis, nämlich die Zahl der erlegten Fasanen, war kläglich. »Ihr schießt wie die Säue«, sagte in seiner kernigen Westfalenart Staatsoberhaupt Lübke, selbst kein Jäger, sondern ein alter Ironiker und Nörgler. Nach dem ersten Treiben, ein Förster hatte mit der Zähluhr mitgezählt, stand fest: Auf einen Fasanen kamen sechs Schuß, ein für jeden Kenner verheerendes Ergebnis. Daß kein Treiber und kein Nachbarschütze nach diesem ersten Treiben schon zur Strecke gelegt werden mußten, konnte nur durch Gottes große Güte und die Schlauheit des Protokollchefs erklärt werden, der einzelne Exzellenzen diskret durch Förster abschirmen ließ, um krankes Wild mit einem Nachschuß zur Strecke zu bringen.

Ins Ungefähre hinein sage ich, daß es im letzten Treiben vor der Mittagserbsensuppe war. Das Treiben war angeblasen, Hermann Höcherl hatte sich von seinem Jagdstock erhoben, Nachbarschütze war der Militärkorrespondent des »Spiegel«, Hagen Graf Lambsdorff. Höcherl, noch Jungjäger, mit Strauß und Stücklen auf krummer Tour Absolvent eines Jägerprüfungslehrgangs im niedersächsischen Gifhorn, wenig gesonnen, die ironische Behandlung seines großen Vorsitzenden Strauß durch ein desto innigeres Bekenntnis zum edlen Waidwerk wettzumachen, stieß schon beim Thema Jagen und »Spiegel« an die Grenzen seiner Vorstellungskraft. Etwas schußhitzig, wie es bei Jungjägern öfter vorkommt, backte er auf einen Mümmelmann an, der sein Heil zwischen Höcherl und Lambsdorff sah. Höcherls Schuß, er war mit seiner Flinte schön mitgeschwungen, krachte, aber der Krumme rettete seinen Balg. Nur: der »Spiegel«-Mensch hatte vier Schrote im Hintern, gebremst freilich durch eine nagelneue Lederhose, es brannte nur ein bißchen beim »Spiegel«. Höcherl riskierte die scherzhafte und scheinheilige Bemerkung an den »Spiegel«: »Das kann aber nicht sein, daß ich die Kehrseite traf.«

Aber mit derselben Schußgarbe wurde auch mit nur einem Schrotkorn im Gesicht ein vom Auswärtigen Amt angeheuerter Hamburger Privatdolmetscher getroffen, Lochner mit Namen. Es konnte nicht mehr als ein kleiner Nervenkitzel sein. Der Getroffene wurde von der Polizei mit Blaulicht ins Oelder Krankenhaus geschickt, der Arzt vom Dienst benützte die Pinzette, strich Jod darüber, und mittags bei der Erbsensuppe war der Mann wieder zur Stelle. Höcherl bekam das Versprechen der Korrespondenten, ihrer Informationspflicht zu entsagen und es nicht in die Zeitung zu bringen; dem Dolmetscher schenkte er stikum einen Extrahasen für die werte Frau Gemahlin, und damit schien alles wieder gut.

Nie wieder hat ein einzelnes Schrotkorn auf Diplomatenjag-

den solche Folgen ausgelöst. Der Hamburger Mensch, der Dolmetscher, ging zum Kadi, um sein Menschenrecht zu verteidigen, nämlich die Unverletzlichkeit, verklagte nicht den Meisterschützen, der mit einem Schuß einen »Spiegel«-Korrespondenten und einen Dolmetscher getroffen hatte, was schon der Schadenfreude genug hätte auslösen müssen, sondern des Schützen Jagdversicherung und verlangte als Schmerzensgeld und Verdienstausfall (je Stunde 250 DM) einen Betrag, der einen Versicherungsetat ins Wackeln bringen konnte. Der Dolmetscher hatte nämlich, wie er nachwies, ein besonders hohes versteuertes Einkommen. Die Juristen bogen den Fall mit einem Vergleich hin.
Gern hätte man bei dieser Gelegenheit von Staatsräson oder Exterritorialität bei Diplomatenjagden gesprochen. Doch nichts davon. Vor dem Gesetz sind alle gleich. Tröstliche Worte sind hier für Hermann Höcherl statthaft. Das ganz kleine bißchen Schadenfreude blieb zu registrieren, daß unsereinem das nicht passierte, einen »Spiegel«-Menschen und einen Dolmetscher zugleich anzubleien. Das hätte unsereinem nie passieren können.

Schrot für den Oberlandforstmeister

Daß eine alte Büchse gut streut, hat schon der Lettenbaron Fircks als Weisheit zum besten gegeben, als er im hohen Alter noch einmal heiratete und schon nach neun Monaten Nachwuchs zur Stelle war. Wer mit angesehen hat, wie der Gesandte der Schweizerischen Eidgenossenschaft bei der ersten Diplomatenjagd des Bundespräsidenten Scheel im Vluynbusch bei Xanten dem Jagdreferenten im Bundeslandwirtschaftsministerium, Oberlandforstmeister Dr. Hermann Heitmüller, an einem regnerischen Tag eine Schrotgarbe mit 3,5-mm-Schrot, vierzig Schritt entfernt, sozusagen voll verpaßte, wird noch im nachhinein Deckung nehmen. Wilhelm Tell, aber auch der Gesandte Anton Hegner waren gute Schützen.

Ein Treiber hatte den Ruf »Karnickel« ausgestoßen, der eidgenössische Gesandte riß die Flinte hoch, und es ist nur mit dem moralisch fixierten, gesetzlich nicht faßbaren Wort »Schußhitzigkeit« erklärbar: Der Diplomat traf den Oberlandforstmeister, der wegen des regnerischen Wetters einen Lodenmantel und darüber eine bayrische Kotze trug. Die Schrote drangen durch die Kleidung, und nur eine zwei Zentimeter dicke Schicht Bauchspeck hinderte sie daran, edlere Teile zu verletzen. Heitmüller ging in die Knie, die vitalen Regungen waren nicht zu übersehen; ich stand als Nachbarschütze neben ihm. Fünfundzwanzig Schrote, dazu etliche Streifschüsse in Bauch, Oberschenkel und Knie, haben die Ärzte über ein Jahr lang in Atem gehalten. Heitmüller ging monatelang am Stock; die Schrote im Knie wurden, um Komplikationen zu verhindern, nicht beseitigt.

Diplomaten sprechen nie von ihren Taten. Bald wurde der gute Mann von seiner Regierung abberufen. Die zuständigen Instanzen, nämlich die Jagdversicherung und ein Rechtsanwalt, deren Geistesbeschaffenheit bekanntlich immer auf Streit gerichtet ist, haben sich des Forstreferenten angenommen. Er sagt es in ironischer Tonart: Die Schrote im Knie, sagt er, und einen Wahrheitsbeweis wird er kaum anzutreten brauchen, verdienten den Denkmalsspruch: Dem deutschen Volke.

Forstreferent Heitmüller verwahrt sich dagegen, jenes Anbleien durch den Diplomaten eine lustige Geschichte nennen zu lassen.

Lob für eines Forstmeisters Tochter

Ohne Scheu haben die jeweiligen Protokollchefs einfallsreich und reich facettiert den Diplomaten Handzettel mit solchen Kernsätzen verteilt: »Sind sich Schützen und Treiber gefährlich nahe, so darf nicht in ihre Richtung geschossen oder gezielt werden. Es ist verboten, auf Wild zu zielen, wenn sich Jäger oder Treiber in der Visierlinie befinden.«
Von der erstaunlich reichhaltigen Garnitur der Protokollbeamten muß hier, von ihrer Mutterfunktion und ihrem Improvisationstalent her, über Sigrid Berner, Tochter eines Forstmeisters, die über zwei Jahrzehnte hinweg die Diplomatenjagden sozusagen administrativ betreute, gesprochen werden. Sie wußte hinter den Kulissen zu walten, besonders aber zu schalten und trug zwei Jahrzehnte einen Loden, der fast bis zum Boden reichte, Witterung besaß und ein entsprechendes Kapotthütchen und war ein Schatz für die Arbeit aller Protokollchefs und die teilnehmenden Jäger.
Jäger sind abergläubisch. Sie trinken gern vor Beginn eines Jagdtages etwas ganz Scharfes; Alkohol, versteht sich. Und das nennen sie »Zielwasser«. Ohne Zielwasser trifft man nicht. Auch Diplomatenjäger – Mohammedaner inklusive – lassen sich gerne Zielwasser reichen.
Vom Aberglauben hielt Sigrid Berner nicht viel. Kein Jäger hielt ihr vor Beginn der Jagd die Büchse hin, damit sie drübersteigen möge, denn es bringe Jagdglück, wenn ein weibliches Wesen mit bestimmten Voraussetzungen über die Waffe

steige. Man braucht zu keiner Zweideutigkeit Zuflucht zu nehmen. Das weibliche Wesen, so sagt es der Jäger-Aberglaube, müsse Jungfrau sein. Sigrid Berner stand turmhoch über so etwas. Auch die Dame vom Dolmetscherdienst des Auswärtigen Amtes, Fräulein Gisela Anders, hielt ihre Rolle ganz durch. Sie übersetzte in Französisch, Englisch, Spanisch. Über die Waffe stieg sie nicht. Insofern war eine Diplomatenjagd immer eine »Aktion Sorgenkind«. Es war der Grund, weshalb so schlecht geschossen wurde.
Es wäre eine starke Tabuverletzung, wenn man sagen würde, das Waidwerk sei keineswegs edel, also adlig und vornehm. Aber so edel und adlig, wie es aus dem Mittelalter überliefert ist, ist es wieder nicht. Ich denke oft daran, wenn ich beim Verblasen der Strecke, bei der Versammlung eines Hegerings oder auch in den Spalten der Jagdpresse Ähnliches höre oder lese. Wir, die wir weder zu den übergescheiten Alten noch zu den gescheiten Neueren gehören, die Jagd nicht als Religionsersatz und die Pirsch nicht als Marsch um der Bewegung, des Sauerstoffauftankens und des Kreislaufs willen betreiben, lassen es einfach bei dem Gemeinplatz bleiben, wie es der Titel meines ersten Jagdbuches (1971) simpel auszudrücken versuchte: Jagd ist Jagd & Schnaps ist Schnaps. Ich habe den Mut, meine Beschränktheit in vielen jagdlichen Dingen auszudrücken. Zum Beispiel denke ich an die Jagdethik und die Waidgerechtigkeit.

Noch ein Schrotkorn – im Badischen

Es ging mich ja weiter nichts an, aber der Jagdherr, der berühmte Verleger, Erfinder des Bambi, des lieben Rehleins,

hatte bei der Ansage der Niederwildjagd darauf hingewiesen, Vorsicht mit der Waffe zu üben. Der Zorn über ihn ist fast ganz verglommen, denn es ist schon eine Weile her. Teilnehmer der Jagd waren u. a. Max Schmeling, der britische und österreichische Botschafter, der britische Botschaftsrat Lance Pope und Hans-Heinrich von Herwarth.
Ein Treiber der Jagd, es war ein Großteil der Hautevolee der Bundesrepublik bei den Jägern, hatte hernach ein Schrotkorn am Bein sitzen. Man kann sich ausmalen, was wurde, als man erfuhr, daß der Schütze der Jagdherr selbst bei einem Schuß auf einen Hasen gewesen war. Aber vor lauter Entrüstung kann sich nur der lassen, der zu dieser alljährlichen Jagd nicht eingeladen war. Die Nichteingeladenen sprechen selbstverständlich so von ihren Taten, als ob ihnen das mit dem Schrotkorn niemals selbst hätte passieren können.
Es gilt für den Loden aller jagdlichen Klassen: Nicht wegen eines einzelnen Schrotkorns wird man belangt, es sei denn beim Jagdgericht beim abendlichen Schüsseltreiben, die Jagdversicherung steht ohnehin für Schmerzensgeld gerade, aber wer einen Treiber erschießt, das sei – als jagdlicher Stammbuchvers – lapidar festgehalten, muß die hinterbliebene Witwe heiraten. Dies ist der Tenor des Urteils des Jagdgerichts. Der Herr Verleger hätte ruhig am Schluß mit dem Hut etwas einsammeln lassen sollen für jenen Treiber, dem er ein Schrotkorn verpaßt hatte.

Für Heuss der Fürstengruss, für Scheel die falsche Fährte

Den Ruhm, alle Bonner Diplomatenjagden seit Anfang der fünfziger bis Mitte der siebziger Jahre, also ein Vierteljahrhundert lang, mitgemacht zu haben, kann mir niemand streitig machen. Den Ruhm heimste ich gerne ein: auf Hochwild im Hunsrück und im Reinhardswald (wo das erste und einzige Mal ein Zeitungsmensch Jagdkönig wurde) und in der Eifel, auf Niederwild im Geisterholz bei Oelde, im Vluynbusch bei Dinslaken, bei Jülich und in Rheinhessen, bei den Bundespräsidenten Heuss, Lübke, Heinemann und Scheel, bei den Außenministern von Brentano, Schröder, Brandt und Scheel. Die Gedankensprünge gehen auch zu den Protokollchefs selbst, bei denen der hohe Grad von Adelsprädikaten auffällt: von Herwarth, von Braun, Mohr, von Holleben, Graf Welczeck, Schwarzmann, Graf Podewils, Schöller; folgerichtig kann man doch sagen, daß das Jägervergnügen ein adliges, also edles Vergnügen ist.

Als Beispiel dafür auch Heiner Prinz zu Sayn-Wittgenstein-Berleburg, der auf einem großen Gut, Burg Strauweiler bei Bergisch Gladbach, sitzt. Dem Protokollchef tat er öfter den Gefallen, für einen eiligen Staatsgast ein Stück Schwarzwild freizugeben. Für den pakistanischen Staatspräsidenten und Feldmarschall Mohammed Ayub Khan war bei Burg Strauweiler ein starker Keiler angekirrt worden, der nahezu regelmäßig die Körnung annahm. Doch nach mehreren Ansitzen kam das Hauptschwein nicht dem pakistanischen Gast, sondern dem Protokollchef Johannes Graf Welczeck, der Dampf machte und den Keiler erlegte; es war ohnehin der letzte Ansitz der Pakistani gewesen. Überflüssig zu sagen, daß Prinz

Heiner dafür zuweilen zur Diplomatenjagd eingeladen wurde. Der Prinz kam beim Forstamt Entenpfuhl im Hunsrück vorgefahren; er saß neben dem Fahrer, im Fond des Wagens saßen zwei seiner Privatförster, eine Art Büchsenspanner. Die diplomatische Jagdgesellschaft hatte schon Tritt gefaßt; es war für Heuss schon der »Fürstengruß« geblasen, eine Dorfschulklasse sang zu Ehren des Staatsoberhauptes das Lied vom Jäger aus Kurpfalz. Einer der Förster öffnete den Wagenschlag des Wittgensteiner Prinzen, fragte submissest: »Welche Büchse nehmen Durchlaucht?« Mit dieser schönen, fast klassischen Antwort machte die Durchlaucht auf sich aufmerksam: »Franz«, sagte er, »das ist doch scheißegal!« Eintrag im Klassenbuch erfolgte nicht; der Prinz war auf Anhieb ein ganz sympathischer Zeitgenosse.

Das Prinzip, keine aktiven Jäger sein zu wollen, behielten die Bundespräsidenten Heuss, Lübke und Heinemann bei, auch alle Bundeskanzler und die Außenminister hatten keine Beziehungen zur Jägerei, bis der Außenminister Scheel, einige Wochen bevor er zum Bundespräsidenten gewählt wurde, sich in Bonn dem Ausschuß für die Abnahme der Jägerprüfung stellte. Fast zehn Jahre hatte er allerdings schon in Österreich – mit einem Jagdschein dieses Landes – gejagt. Trophäen aus Österreich findet man in seinem Haus in Hinterthal im Pinzgau. Verstiegene Ambitionen, sich als großer Waidmann auszugeben, hat er allerdings nie gehabt. Er ist ein guter Kugelschütze, auch der rasch hingeworfene Schrotschuß auf Karnickel, Has' und Flugwild machten ihm keine Schwierigkeiten. Es ist zulässig, ihn einen guten Waidmann zu nennen, der freilich schon im zweiten Jahr seiner Amtszeit als Bundespräsident die Diplomatenjagd ausfallen ließ, womit er einigen Publikumserfolg hatte, zumal der Finanzminister jeden Haushaltstitel auf Sparsamkeit durchforstete. Ich wurde 1975 zu einer Beratung von Scheel herangezogen und nach meiner Meinung gefragt. Ich habe dem Bundespräsidenten sinngemäß gesagt, daß er auf der falschen Fährte sei, sie für immer ausfallen zu lassen. Nein, sagte er, nur in diesem Jahr.

Diana mit dem Pfeffer im Hintern

Das Zustandekommen einer Jagdpartie hängt oft von Zufällen ab. Bei einer Schwarzwildjagd links des Rheins, fünf Schützen waren angestellt auf einer mit Stockausschlag bewachsenen steilen Fläche, ich als linker Flügelmann im Grund des Tales an einem Bach, auf der Höhe war ein einarmiger französischer General in einem mit Fichtenreisern verkleideten Erdschirm. Daß ich es so sage und den Einarmigen erwähne, liegt an seiner verblüffenden Schießkunst. Neben mir, fünfzig Meter hangauf, ebenfalls in einem von der Forstpartie gebauten Erdschirm, eine Frau. Für sie, die einzige unter dreißig Männern, bot sich das Stichwort an: Diana. Diana, hübsch, gut zurechtgemacht, am nagelneuen Hütlein Adlerflaum, Stiefelettchen, bester Loden die ganze Montur, nagelneuer Drilling – sie verließ sich nicht auf die List weiblicher Täuschungsmanöver, spielte allerdings ihren Charme voll aus. Sie sagte zu mir, radebrechend, auf den Drilling weisend: »Gutt, sähr gutt!« Es war die Frau des jugoslawischen Gesandten in Bonn, Nevenka Jeglič. Was Jovanka Broz Tito könne – das meinte sie, ohne jedoch das Wort zu sagen –, das werde Nevenka Jeglič auch können. Die Frau, so burschikos klang das, mußte Pfeffer im Hintern haben.

Der Förster, der sie eingewiesen hatte, und zwar an einem Hauptwechsel, wie ich sofort am Fährtenbild sah, hatte ihr einen jungen Forstanwärter attachiert, der einen Deutsch-Drahthaar-Rüden am Riemen führte und mit ihr den Stand bezog. Wohl, ich war der Nachbarschütze, aber einer solchen Wirklichkeit vertraue ich nicht von vornherein. Es war längst angeblasen, aus dem gegenüberliegenden hohen Eichenbestand kamen im Troll, Hundegeläut von fernher, fünf Sauen. »Ich schieße, du schießt, sie schießt . . .«, konjugierte ich leicht verwirrt. Ich weiß die Zeitspanne vom ersten Anblick an nicht mehr. Waren es fünf Sekunden? Zehn Sekunden? Die Rotte, die dem Wechsel folgte, ein Keiler in der Mitte deutlich erkennbar, genau auf Diana Nevenka zu. Sie hatte angebackt, stehend freihändig, ich hatte längst Jagdfieber, denn sechzig Gänge entfernt von meinem Schirm geschah das alles; Dianas Kugelschuß fiel, der Keiler zeichnete deutlich. Die vier übrigen Sauen stoben in die Gegend. Ich selbst war verdattert, backte ebenfalls an, um noch einen der Überläufer zu strecken, doch der Sicherungsflügel stand auf »S«. Aufregung, Aufregung! Die exterritoriale Gattin, mit unbeschreiblichem Mut, faßte den waidwunden Keiler, zweiter Schuß, mit dem Flintenlaufgeschoß, wieder zeichnete das Tier. In seiner Todesnot bemerkte es den am Riemen wild zerrenden und tobenden Hund des Forstanwärters; der junge Mann stürzte sich, ich konnte es nicht fassen, mit dem offenen Waidmesser aus dem Schirm auf den Keiler, eine unbeschreibliche Balgerei zwischen Tier und Mensch, der Hund als Saupacker, aber mit dem Messer fing der junge Mann die waidwunde Kreatur ab.
Beide Schüsse der Frau hatten im Leben des Vierjährigen gesessen.

Beinahe von der Schulbank weg bin ich mit dem Wildtier vertraut. Doch dies hatte ich in einem halben Jahrhundert noch nicht erlebt. Den Platz für das Substantiv »Held« gibt es hier nicht. Aber das Gedächtnis an den Forstanwärter und Nevenka Jeglič wird bis zu meiner Tage letztem bewahrt bleiben. Es geschah 1974, an einem Novembertag.

5. Diana steht links oder: Sonderbericht über das sozialistische Jagdwesen

»Das sozialistische Jagdwesen unserer Deutschen Demokratischen Republik ist ein Ausdruck der schöpferischen Anwendung des Marxismus-Leninismus durch die Partei der Arbeiterklasse« (in: »Ansprechen des Rotwildes«, Ost-Berlin, 1971). »Die Erziehung der Jäger zu sozialistischen Persönlichkeiten wird gemäß Beschluß des VIII. Parteitages zielgerichtet durchgesetzt« (Morgenruf der sozialistischen Fortschrittsgläubigkeit). Es ist vermutlich keine Übertreibung, wenn man sagt, der Hirsch röhrt und knört auf sozialistische Weise und erzielt immer mehr sozialistisches Wildbretaufkommen und stärkere sozialistische Trophäen. Die Lerche tiriliert sozialistisch. Das Waidwerk, man weiß es, ist problematisch, hüben und drüben.

Es beginnt die Magie des großen Wortes: die schöpferische Anwendung des Marxismus-Leninismus. Solche Worte gibt es kostenlos.

Zur Jagd geht in der DDR der Arbeiter, der Traktorist, der Genossenschaftsbauer, in der Bundesrepublik der Plutokrat. Thomas Müntzers Forderung nach freier Jagd für die Bauern ist in der DDR erfüllt. Doch im Vorfeld liegen schon Zweifel. Unbehagen begleitet uns. Beim Anblick der freien Natur wird man doch nicht gleich die Beherrschung verlieren? Die Vertreter von Partei, Staat, Arbeitern, Genossenschaftsbauern und höheren Belangen, auswechselbar nach Belieben, sind nunmehr die, die das Sagen haben. Und das Schießen auf das Wildtier dazu. Und hier muß das doppelte Gedächtnis sein. Wie reaktionär das klingt, wenn man sagt, die Jagd sei edel.

Breschnew und Kossygin jagen wie die Romanows vor dreihundert Jahren, Ceausescu wie der letzte König Carol, Kadar wie der letzte Ungarn-König Karl und der letzte Ministerpräsident vor der Republik, der Graf Karolyi. Tito jagt wie sein letzter Alexander. Man will unter keinen Umständen verallgemeinern, aber Erich Honecker jagt in der Schorfheide – Karinhall ist als Schulungsstätte wieder aufgebaut –, wo weiland Reichsjägermeister Göring seine Hirsche, »Gatterbullen« genannt, züchtete. Göring selbst fabrizierte diesen Zweizeiler: »Solang noch starke Hirsche schrei'n, wird auch das Deutsche Reich gedeih'n!«

Ironische Heiterkeit kann niemand unterdrücken. Nur nicht die Nerven verlieren, Genossen! Man erfährt Einblick in die Methoden, wer die Kapitalen streckt. Wir wollen nicht geringachten, was in der Deutschen Demokratischen Republik auf die Decke gelegt wird. Verwunderung setzt sich in Bewunderung um. Es klingt reaktionär, wenn man sagt, in jedem passionierten Jäger, auch drüben in der DDR, stecke die Trophäensucht, die aus einer Reizbefriedigung kommt. Das wichtigste scheint immer noch das Prestige zu sein. Diana steht nicht mehr rechts, Diana steht links.

Wir könnten es sagen: Schwamm drüber, und soviel ist wahr, Erich Honecker darf mit seinen Hirschen aus der Schorfheide ins Vergessen sinken. Wir wollen Platz schaffen für neue Erfahrungen. Der leise Ansatz von plutokratisch-waidmännischem Gehabe, der ihm gelegentlich unterläuft, wird gleich mit dem Politbüro koordiniert. Die unverhoffte Chance, die schöpferische Anwendung des Marxismus-Leninismus, stammt von der Welt-Jagdausstellung 1971 in Budapest. Ich habe sie besucht.

Da waren die Spitzentrophäen aus der DDR. Waren sie erlegt von Arbeitern und Genossenschaftsbauern? Irgendwo mußte das Faß mit der schöpferischen Anwendung des Marxismus-Leninismus leck sein. Denn zwischen den DDR-Trophäen waren die mit Gold- und Silbermedaillen ausgezeichneten Geweihe von Rothirschen und Damhirschen und die Schnecken von Mufflons, erlegt von den Herren Gerhard Grüneberg, Mitglied des Politbüros und Sekretärs des ZK der SED für Landwirtschaft, des Generalobersten Erich Mielke, Minister für Staatssicherheit sowie seit 1976 Mitglied des Politbüros der SED, von Armeegeneral Heinz Hoffmann, Minister für Nationale Verteidigung und Mitglied des Politbüros der SED, und schließlich von Georg Ewald, bis 1973 Minister für Land- und Forstwirtschaft. Gewiß waren es Rücksichtnahmen höherer Art, die diese Herren die Kapitalen schießen ließ. Stellen wir etwas Kerzenlicht hin.

Im Gewirr des Trophäenkatalogs fand man Rumäniens Generalsekretär und Vorsitzenden des Staatsrats, Ceausescu, der allein fünf Goldmedaillen für erlegte Rothirsche bekommen hatte. Der damalige Vorsitzende des rumänischen Ministerrates, Maurer, bekam für fünf erlegte Wölfe und zwei kapitale Rehböcke Goldmedaillen. Vor zudringlichen Blikken waren nicht geschützt die kapitalen Geweihe, die Marschall Jozip Broz Tito und Helmut Horten in Jugoslawien erbeuteten, Tito deren fünfzehn, Horten fünf. Alle bekamen sie Goldmedaillen. Aber auch Jovanka Broz und Heidi Horten brauchten nicht verlegen abseits zu stehen. Auch ihre Hirsche bekamen Gold. Bitte, auch hier etwas Kerzenlicht.

Es war eine Art Aufatmen, einige Hundert von westdeutschen Nimroden erbeuteten Rothirschtrophäen zu sehen. Die kleinen Prospekte in Budapest waren von geläufiger Bereitwilligkeit, wenn man sie fragte, ob dieser und jener Hirsch 10000, 20000 oder sogar 30000 D-Mark gekostet hatte. Für acht Rothirschtrophäen, erlegt in den sechziger Jahren in Ungarn, »Devisenhirsche«, ist ein Westdeutscher allein weit über hunderttausend D-Mark losgeworden.

Vier Jahre danach schreibt im Heft 9/1975 dann in der Monatszeitschrift »Die Sozialistische Forstwirtschaft« der Oberforstmeister H.-D. Horstmann vom Ministerium für Land-, Forst- und Nahrungsgüterwirtschaft, Hauptabteilung Forstwirtschaft, Berlin (Ost), und mißt mit sozialistischer Elle und sozialistischem Vokabular das Thema (der Aufsatz ist leicht gekürzt): »Das sozialistische Jagdwesen und der Naturschutz sind wesentliche Bestandteile der sozialistischen Landeskultur. Die Partei der Arbeiterklasse und der sozialistische Staat widmen der Erhaltung der Naturreichtümer und dem Schutz der vom Aussterben bedrohten Tier- und Pflanzenarten ihre volle Aufmerksamkeit. Das kommt deutlich in den gesetzlichen Bestimmungen (Landeskulturgesetz, Gesetz zur Regelung des Jagdwesens) zum Ausdruck. Aus der auf dem VIII. Parteitag der SED gestellten Hauptaufgabe leitet sich für das Jagdwesen die Aufgabenstellung ab, die Erziehung der Mitglieder der Jagdgesellschaften zu sozialistischen Persönlichkeiten zielgerichtet durchzusetzen, die Qualität der Wildbestände weiter zu verbessern, das Wildbretaufkommen zur Versorgung der Bevölkerung zu erhöhen und stärkere Trophäen zu erzielen. In der Ausstellung wird dargestellt, wie die Jagd von ihrem ursprünglichen Zweck, der Sicherung des Lebensunterhaltes, mit Herausbildung des Privateigentums an Produktionsmitteln zu einem Privileg zunächst der Sklavenhalter, dann der Feudalherren und schließlich der Industrie- und Finanzgewaltigen wird. In dem Zusammenhang werden z. B. die Forderungen der Bauern unter Thomas Müntzer nach freier Jagd und die Jagdgesetzgebung im Interesse des Kapitals mit dargestellt.

Den Schwerpunkt bildet die Tatsache, daß erst mit der Befreiung vom Faschismus durch die ruhmreiche Sowjetarmee die Voraussetzungen für einen grundlegenden Wandel auch im Jagdwesen geschaffen wurden. Die Arbeiterklasse übernimmt die Funktion eines Sachwalters der Reichtümer der Natur.

Es wird gezeigt, wie sich unter Führung der Partei der Arbeiterklasse die Jagdgesellschaften zu festen sozialistischen Kollektiven entwickeln, die unter den Bedingungen der weiteren Intensivierung der land- und forstwirtschaftlichen Produktion die Jagd organisieren.

Die Ergebnisse der 36500 Jäger, Hundeführer, Falkner und Frettierer aus 922 Jagdgesellschaften im Jubiläumsjahr der Deutschen Demokratischen Republik sind der beste Beweis, daß das sozialistische Jagdwesen sich gesetzmäßig weiterentwickelt. (Im DDR-Handbuch des Bundesministers für innerdeutsche Beziehungen vom November 1975 wird die Zahl der Jagdgesellschaften mit 960 mit ca. 38000 Mitgliedern angegeben.)
Betrug die Wildbretproduktion 1966 z.B. 3500 t, so wurden 1969 (das Jahr mit dem höchsten Aufkommen im letzten Fünfjahresplan) 4400 t und 1974 5700 t erreicht.
Fast alle Jagdgesellschaften mit Schalenwildbewirtschaftung erfüllten ihre Zielstellungen. Im Republikmaßstab wurde die vorgegebene Kennziffer übererfüllt. Einen hohen Anteil am Gesamtwildbretaufkommen nehmen die Wildarten Rehwild und Schwarzwild ein.
In der DDR kommt Rotwild auf etwa 75 bis 80 Prozent der Holzbodenfläche vor, Schwarzwild frequentiert etwa 90 Prozent, Damwild 35 Prozent, Muffelwild 8 und Rehwild 100 Prozent dieser Fläche. Der Hase kommt in höherer Dichte in der Magdeburger Börde und im Erfurter Becken (günstige klimatische Verhältnisse, Löß-Standorte) vor. Dort werden die größten Strecken erzielt.
In den letzten Jahren breitete sich Rot- und Schwarzwild aufgrund objektiver Faktoren weiter aus. Große Anstrengungen werden deshalb von den Jagdgesellschaften unternommen, die Ausbreitungstendenz zu mindern und die Dichte auf die bonitierten Werte zu reduzieren. Die Entwicklung der Trophäen mit Gold-, Silber- und Bronzemedaillen beweist die Richtigkeit der Bewirtschaftungsrichtlinie, die auf der Grundlage der Direktive Nr. 2 über die Bewirtschaftung

der Rot-, Dam- und Muffelwildbestände in geschlossenen Wildeinstandgebieten und die Regelung der Anlage von jagdlichen Einrichtungen an den Grenzen der Jagdgebiete zwischen den Jagdgesellschaften, sowjetischen Gesellschaften, Staats-, Diplomaten- und Touristenjagdgebieten und Wildforschungsgebieten vom 28. August 1964 erarbeitet wurde. Es zeigt sich, daß vor allem beim Rotwild Erfolge erreicht wurden.

Auf dem Gebiet der Niederwildbewirtschaftung liegen noch große Reserven. Hier wurden nur in kleineren Gebieten (Leipziger und Erfurter Räume) beachtliche Fortschritte erreicht.

Die Analyse der Kosten für Wildschäden in der sozialistischen Landwirtschaft läßt auf eine verstärkte Anwendung von wissenschaftlichen Erkenntnissen und Neuerervorschlägen schließen. Obwohl wir wesentlich höhere Bestände bei Schalenwild als in den letzten beiden Jahren haben, so Horstmann, sind die ermittelten und bewerteten Schäden nicht angestiegen. In etwa 80 Prozent der Bezirke wurde eine Reduzierung der Schäden nachgewiesen. Damit schlagen sich die komplexen Maßnahmen zur Wildschadenverminderung, die in den Verträgen der Jagdgesellschaften mit den staatlichen Forstwirtschaftsbetrieben und KAP, LPG und VEG Pflanzenproduktion verankert sind (Äsungs- und Biotopverbesserung, direkte Wildabwehrmaßnahmen wie Elektrozäune, Rundumleuchten, Wachdienst), positiv nieder. Der Fang und Abschuß von Raubwild hat sich bei Fuchs um 7 Prozent und bei Marder um 2 Prozent erhöht.

Die Entwicklung der Anzahl der Jäger verlangt die Aufnahme von jungen Arbeitern und Genossenschaftsbauern sowie Frauen in die Jagdgesellschaften.

Das Schwarzwild hat im Verlaufe des Fünfjahresplanzeitraumes 1971 bis 1975 für die Steigerung der Wildbretproduktion eine überaus hohe Bedeutung erhalten. Die Strecke hat sich von 1970 bis 1974 kontinuierlich erhöht und annähernd verdoppelt. Dementsprechend ist der Anteil am Wildbretaufkommen gestiegen. Es erreichte mit 2387t etwa 42 Prozent des Gesamtaufkommens. Im Ergebnis kann heute festgestellt werden: Das Schwarzwild ist im Wildbretaufkommen wichtigste Wildart geworden.«

Das DDR-Handbuch des Bundesministers für innerdeutsche Beziehungen vom November 1975 ergänzt die Fragen über das Jagdwesen ausführlicher. Danach erfolgen die Auswahl und Zulassung der Mitglieder der Jagdgesellschaften in der DDR nach spezifischen Gesichtspunkten. Voraussetzung ist eine mit Erfolg abgelegte Jagdprüfung. Die Zulassung zur Prüfung erfolgt, sofern der Bewerber 18 Jahre alt ist und praktische Tätigkeit in einer Jagdgesellschaft nachweisen kann. Weitere Voraussetzung für die Erteilung einer Jagderlaubnis ist eine »vorbildliche Teilnahme am Aufbau des Sozialismus in der DDR«. Die Jagderlaubnis wird jeweils für ein Jagdjahr erteilt. Als Strafmaßnahmen bei eventuellen Verstößen und Vergehen sind ein zeitweiliges Verbot der Jagdausübung oder gar der Ausschluß des Mitgliedes möglich.

Insbesondere sind die Jagdgesellschaften Träger der Wildabschuß- und Ablieferungspläne, über die sie mit den Staatlichen Forstwirtschaftsbetrieben Verträge abzuschließen haben. Durch kontinuierliche Bejagung (Jagdeinsatzpläne) sollen nicht nur die Ablieferungspläne erfüllt werden, sondern Raubwild und Raubzeug bekämpft und Wildschäden aller Art verhindert werden. Weitere Aufgaben der Jagdgesell-

schaften sind die Wildfütterung und die Errichtung von Jagdhütten, Ansitzen, Futterraufen usw. in freiwilligen Arbeitseinsätzen.
Die Jagd sollte nach dem Jagdgesetz grundsätzlich im Kollektiv ausgeübt werden. Nur in Ausnahmefällen kann der Minister des Inneren bzw. der Chef der Deutschen Volkspolizei die Einzeljagd gestatten.
Für jedes Jagdgebiet sind ein Jagdleiter und ein ständiger Stellvertreter eingesetzt. Da die Jagdgesellschaften drei bis fünf Jagdgebiete bejagen, sind bei jeder Jagdgesellschaft sechs bis zehn Jagdleiter und Stellvertreter tätig, deren Ernennung durch die Jagdbehörde der Kreise und Bezirke unter Beteiligung der Staatlichen Forstwirtschaftsbetriebe, des Volkspolizeikreisamtes und der Bezirksbehörden der Volkspolizei erfolgt.
Die Waffenbestimmungen der DDR, sagt das DDR-Handbuch, sind von offensichtlichem Mißtrauen gegenüber den sorgfältig geprüften Jagdberechtigten geprägt. Kugelwaffen mit gezogenem Lauf dürfen nur ausnahmsweise von Jägern mit spezieller Genehmigung geführt werden, so daß selbst Hochwild grundsätzlich mit Schrotflinten erlegt wird. Jagdwaffen sind Volkseigentum und werden von den Jagdleitern verwaltet. Persönliches Eigentum an Jagdwaffen bleibt den Jagdleitern und »Inhabern einer Jagderlaubnis vorbehalten, die sich durch aktive gesellschaftliche Arbeit sowie durch hervorragende Leistungen in der Produktion, in wissenschaftlichen Instituten oder in den Verwaltungen beim Aufbau des Sozialismus in der DDR ausgezeichnet haben«. Die Genehmigung zum Waffenerwerb wird durch die Hauptverwaltung der Volkspolizei beim Innenministerium bzw. die Bezirksbehörden der Volkspolizei erteilt. Umfassende Be-

stimmungen gelten für die Beschaffung und Aufbewahrung von Jagdwaffen und Munition.

Nur um der Pointe willen: Diana steht links. Und weil sie links steht, ein Griff ins DDR-Jägerlatein. Es gab eine Staatsjagd bei Lübbenau, einem Städtchen im Kreis Cottbus, am Rande des Oberspreewaldes. Die hohen, aus Ost-Berlin angereisten Herren Partei- und Staatsfunktionäre bemühten sich hingebungsvoll ums Niederwild und seine Dezimierung, richteten einigen Flurschaden an, und Schüsse ließen nicht auf sich warten. Die Strecke war gut. Am Abend legten die Herren der Nationalen Volksarmee die von ihnen erlegten Kreaturen zur Strecke, die Herren der Volkspolizei desgleichen. Nur die Herren vom Staatssicherheitsdienst ließen auf sich warten. Es gab kein Indiz dafür, daß sie etwa nicht zu Schuß gekommen sein könnten. Schließlich entdeckte man die Kundschafter an allen Fronten auf einer entlegenen Waldlichtung, geheimnistuerisch, wie es ihre Aufgabe ist, und dort bot sich das Bild: Otto Mielke selbst, der Chef des Geheimdienstes, hatte den einzigen erlegten Hasen an den Hinterläufen gepackt, hielt ihn mit der Linken ausgestreckt von sich, und prügelte mit einem Stock auf die tote Kreatur ein: »Nun gestehe endlich, daß du ein Wildschwein bist.«

Es darf gelacht werden.

6. Über den Schuß- oder Jagdneid

Neid und Eifersucht sind die Schamteile der Seele, sagte Nietzsche. Schußneid und Mißgunst sind, wenn ich es recht sehe, zwei Wörter ohne Plural, die im waidmännischen Lexikon und im gebundenen Denken des Jägers nicht vorkommen, obwohl sie vorkommen. Der Schußneid ist ein Gemisch aus Schnödigkeit und Verbitterung. Selbst unter gesetzten Männern ist er zu Hause.

Aber wir deutschen Bundesrepublikaner scheinen etwas zu verbergen zu haben. Schwer zu entscheiden, woran es liegt. Bei uns, wo die gute Gesinnung oft genug von selber ins Kraut schießt, gibt es in einem halben Dutzend Büchern über die Jägersprache, die ich nachschlug, keinmal das Wort Schußneid oder Jagdneid, nicht einmal beim alten Raesfeld-Frevert. Unverhohlener kann sich eine Sprache nicht darstellen.

Ich schlage im DDR-Wörterbuch der Waidmannssprache (1976) von Joachim Ludwig nach, dort figuriert zwischen »Jagdmesser« und »Jagdpapst« (dies ein jagdlicher Besserwisser) die Vokabel »Jagdneid, auch Schußneid, Neid eines Jägers auf einen anderen, der mehr Wild erlegt oder ein begehrtes Stück gestreckt hat«.

In den sechziger Jahren nahm ich an der Diplomatenjagd des Bundespräsidenten Heinrich Lübke im Geisterholz bei Oelde in Westfalen teil. Es ging auf Niederwild. Man erlebte den Herbst in allen Farben – und baute, obgleich das meiste

Laub schon von den Bäumen war, aus dieser Buntheit einen der schönsten Jagdtage. Beim zweiten oder dritten Treiben, eben wurde angeblasen, schnürte ein Fuchs aus dem Stangenholz heran, um sich, was sein gutes Recht war, aus dem Treiben zu drücken und seinen Balg zu retten. Es war nicht zum Lachen, wie er sich drückte, obwohl es zum Lachen war. Denn der Rotrock nahm spitz eine Exzellenz an, den Missionschef Ihrer Majestät des Vereinigten Königreiches von Großbritannien, den Botschafter der Krone, Sir Christopher Steel. Der war mein Nachbarschütze. Ein solcher Anlauf war ein Glücksfall. Aber Seine Exzellenz, der Herr Botschafter, der den Fuchs genau auf sich zuschnüren sah, wurde wie Lots Weib zur Salzsäule. Dabei hätte der Höhepunkt der Handlung, nämlich das Anbacken und der Schuß, jetzt geschehen müssen. Es geschah nichts. Fünfzehn Gänge vor dem exterritorialen Herrn hatte der Fuchs den Briten spitz, warf sich in höchster Not herum und war, ohne beschossen zu sein, außerhalb des Treibens. Gebannt starrte ich dem Fuchs nach. Sir Christopher, der eine rote Nase hatte, stand da in der Suada des Diplomaten. Mein ärgerlicher Zuruf, unverkennbar aus dem Neid geboren, erreichte ihn zwar, aber er winkte nicht einmal ab.

»Exzellenz«, sagte ich betroffen am Ende des Treibens, und ich wußte es längst, daß Diplomaten eine besondere Gattung von Individuen sind, »warum haben Sie nicht geschossen? Der kam Ihnen doch nach Maß!«

Auf seine schöne Rotweintrinkernase fiel ein Hauch von britischem Fair play. Er sagte: »Wir Engländer schießen keinen Fuchs.«

»Sie schießen keinen Fuchs?«

»Nein«, sagte er, in England mache das die Pack of hounds,

die Hundemeute. Engländer lassen sich für diese Art Waidgerechtigkeit schmoren. Sir Christopher ist inzwischen von hinnen gegangen, nämlich in die ewigen Jagdgründe, von wo er am 26. Februar 1976 aus London über die Nachrichtenagentur Associated Press dieses Postskriptum schickte:

»Die hundertfünfzig Jahre alte britische Gesellschaft zur Verhinderung von Tierquälerei hat zur Jagd auf die Fuchsjagd geblasen. Füchse kilometerweit übers Land zu hetzen und schließlich von einer Hundemeute in Stücke reißen zu lassen, das sei ein unmenschliches Tun, teilte sie mit. Dies gelte auch für die Hetzjagden auf Hirsche, Hasen und andere Wildtiere.

Die Wildschützer versammeln sich nun regelmäßig an den Wochenenden, um den Jägern mit der Hilfe von Lärminstru-

menten und falschen Fährten den Spaß zu verderben. Dennoch hat die Fuchsjagd als Sport in der letzten Zeit bei den Briten immer mehr Anhänger gefunden. In Großbritannien gibt es etwa zweihundert und in Irland rund dreißig Jagdgemeinschaften. Tierschützer behaupten, während der Saison verfolgten an jedem Samstag 250000 Menschen in England die Fährte des Fuchses. Zu ihnen gehörten auch einige Mitglieder der königlichen Familie.
Die Debatte über die Fuchsjagd als Sport wird mit wachsender Erbitterung seit den Tagen Oscar Wildes geführt, der diesen Zeitvertreib meist adeliger Reiter als ›Hatz des Unbeschreiblichen auf das Ungenießbare‹ bezeichnet hatte. Die Jagdvereine führen den Nutzen für die Landwirtschaft als Argument gegen die Tierschützer an: Auf diese Weise könne die Zahl der Federviehräuber niedrig gehalten werden.
Die Gesellschaft zur Verhinderung von Tierquälerei wendet sich im übrigen auch gegen die Jagd auf Otter; sie kritisiert die schlechten Schützen, Fallensteller und Schlingenleger, und sie will außerdem die Angler unter die Lupe nehmen.«
Der Schußneid erscheint in mancher Maske. Ein Landesminister, stark an Bauchumfang, ebenfalls schon in den ewigen Jagdgründen, der aussah, als habe er früher Posaune geblasen, bekam bei einer Hochwildjagd von einem Forstbeamten einen Stand zugewiesen, doch abrupt entfuhr es ihm: »Nein«, empörte sich der Herr Minister, »hier ist voriges Jahr nichts gekommen.«
»Aber hier ist ein Hauptwechsel«, sagte der Forstbeamte, »ich garantiere Ihnen fast Anlauf.«
Der Minister, der Schußneid sprang ihm aus den Augen, in gewappnetem Ton: »Bitte stellen Sie mich woanders hin.«
Das Kleingedruckte, das mitschwang, war nicht zu erken-

nen, aber es mußte heißen: Herr Oberförster, ich werde mit meinem Landwirtschaftskabinettskollegen sprechen.
Der, der den Stand ausschlug, der dicke Minister, kam nicht zu Schuß, der, der statt seiner hier angestellt wurde, erlegte einen Überläufer und einen Frischling.
Auch dies war bei einer Diplomatenjagd zu erleben. Ein deutscher Botschafter hatte bei einer Drückjagd seinen Stand neben dem eines fernöstlichen Botschafters. Es gab keinen Streit über das Ableben eines Schmaltiers, wohl aber wurde der blanke Schußneid sichtbar. Das Schmaltier wechselte den deutschen Botschafter an, verhoffte, ohne den Schützen zu eräugen, und bekam den Schuß, niedrige Fichten waren dazwischen, auf dreißig Gänge. Das Stück zeichnete deutlich, machte fünfzehn, zwanzig Fluchten; ohne Risiko schoß der fernöstliche Botschafter auf das Stück, es brach zusammen, in Sichtweite verendete es.
Es geschehen noch Wunder. Der deutsche Botschafter hätte das Stück für sich reklamieren können. Er sagte zum Fernöstlichen: »Exzellenz, das ist Ihres.«
»Ja«, sagte der fremde Botschafter und bedankte sich. Der alte, irrationale Instinkt vom Beutemachen beim einen, vom generös unterdrückten Schußneid beim anderen war deutlich. Den Einschuß hatte das Stück Kahlwild an der Seite, von wo der deutsche Botschafter geschossen hatte. Auf der anderen Seite, der fernöstliche Schütze war überwältigt von der Fiktion, getroffen zu haben, gab es keinen Einschuß. Der Förster sagte es lakonisch zum Protokollchef.
Hasen, Fasanen, bester Stand – wer hielte nicht den Atem an! Die Kanonade von Valmy, Campagne im Münsterland beim Bauernpräsidenten Constantin von Heereman. Hier und heute, ironisierte man sich selbst, beginne eine neue

Epoche der Jagdgeschichte. Dachte man. Achtundzwanzig leere Patronenhülsen lagen hernach vor mir. Mit roter Tinte müßte man es schreiben, mit schwarzer konnte es keinen Spaß machen. Drei Fasanenhähne, eine Henne und ein Hase! Die Treiberwehr hatte schon langanhaltend im Chor aus dem Treiben gerufen: »Üüüben! Üüüben!«

Zum Pessimismus sei kein Anlaß, sagte Jagdherr von Heereman zu mir und unterdrückte in leichtgefügter Rede eigenen Unmut; das, sagte er beschwichtigend, sei ihm auch schon passiert. Bitte einen kräftigen Schluck Zielwasser, dachte er. Bei einer Jägerprüfung würde man schon beim Tontaubenschießen durchfallen. Langsam, aber sicher kroch der Schußneid in einem hoch, wenn man sah, wie die beiden Nachbarn schossen.

Üüüben! Üüüben!

Der Soziologe Helmut Schoeck entpuppt sich (in »Der Neid und die Gesellschaft«, 1966) als der Theoretiker des Neides; er kocht ihn in den unverfälschten Säften der Wissenschaft. Es gibt, sagt Schoeck, eine ausführlich und faszinierend scharfsinnige Phänomenologie des Neidens.

Ein Mann hatte in seinem Revier einen Hirsch herangehegt, mehrere Jahre lang. Der Hirsch prahlte mit einem reifen Geweih, mit allen Ingredienzien, die einem Erntehirsch eigen sind. Er war Klasse Ia und über den Höhepunkt der Entwicklung hinaus. Mit dem Hirsch und seinem Geweih wuchs auch das Neidgefühl des Reviernachbarn. Aber den Einstand hatte der Geweihte nicht bei diesem Nachbarn. Es kam zu einer Konfliktsituation, obwohl der Nachbar zugesagt hatte, den Finger nicht krumm zu machen, wenn dieser Hirsch bei ihm auftauche. In der Brunftzeit fiel der Geweihte durch des ruchlosen Nachbarn Hand. Der Nachbar hatte die Spielregel nicht eingehalten. Was nun? Es ging bis zu den höchsten Instanzen, aber das bleibe hier unerörtert.

»Sowohl die Geschichte«, sagt Schoeck, »als auch die erzählende Literatur berichten von Fällen, bei denen enge Freunde oder jedenfalls Persönlichkeiten, von denen keiner beim anderen etwas zu beneiden wußte, zu entschiedenen Gegnern in einem auszutragenden Konflikt werden, weil der eine auf ein universales Sittengesetz, der andere auf ein engeres positives Gesetz hört. Die Entscheidung, daß ich aus und in meiner Existenz das meinem Urteil nach richtige Gesetz, die relevante Norm befolge, braucht weder bei mir mit einem Neid auf den Gegner verbunden zu sein noch bei diesem einen Neid auf mich auszulösen.«

Das ist Wissenschaft, und jetzt wissen wir es.

Neid – sagt die Duden-Etymologie –, die Herkunft des gemeingermanischen Wortes für »Haß, Groll, feindselige Gesinnung« ist unklar. Die heute allein übliche Bedeutung »Mißgunst« entwickelte sich schon früh aus der Bedeutung »Haß«; Ableitung: neiden, »mißgönnen«. Das einfache Verb wird heute nur noch in gehobener Sprache verwendet; allgemein gebräuchlich ist die Präfixbildung beneiden: neiden und Neidhammel, »neidischer Mensch« (16. Jahrhundert).

Jagd- oder Schußneid ist ein eingefleischtes Erbübel im deutschen Waidwerk, die »greediness« nennen es die Briten. Der Jagdneid vereitelt noch heute die meisten Hegemaßnahmen.

7. *Den Wald kann man auch in Festmetern betrachten*

Daß man vor lauter Bäumen den Wald nicht sieht, ist ein deutsches, daß man in den Wald tat gehen und hat nirgendwo Wild gesehen, ist ein Sprichwort aus der fernen Mongolei.

Irgendeiner muß es unserem Minister mit dem Portefeuille für Landwirtschaft, Forsten und Umwelt gesteckt haben: Wie man in den Wald hineinruft, so schallt es heraus. Einerseits kann ein Hektar Fichten- oder Kiefernwald im Jahr *36 Tonnen Staub* aus der Luft filtern und jährlich 20 Tonnen Sauerstoff erzeugen – das ist das Zweieinhalbfache des *Jahres*bedarfs eines erwachsenen Menschen –, andererseits spricht man vorwurfsvoll von der Verfichtung des deutschen Waldes. Einerseits liefert eine hundert Jahre alte Buche den Sauerstoffbedarf für zehn Menschen und verdunstet 400 Liter Wasser an einem Tag, andererseits gibt es – zum Beispiel – 800 Millionen Bäume und 5,2 Millionen Kraftfahrzeuge im Bundesland Nordrhein-Westfalen, also 155 Bäume für jedes Kraftfahrzeug. (Ein Baum verarbeitet in einer Stunde 2,35 Kilogramm des in Autoabgasen enthaltenen Kohlenoxyds und filtert dabei 4800 Kubikmeter Luft.)

Nicht der Jagd-, sondern der Forstreferent des Bonner Ministeriums steht Rede und Antwort. Der Laie erfährt das große Staunen. Der Referent sagt es trocken, aber klar. Das Wissenswerte in Kürze heißt:

28,7 Prozent der Bodennutzungsfläche der Bundesrepublik

sind Wald (= 7144600 ha). Die Holzarten sind: 42 Prozent Fichte und Tanne, 27 Prozent Kiefer und Lärche und nur 8 Prozent Eiche und 23 Prozent Buche und Laubholz. 30,4 Prozent der Waldfläche sind Staatswald, 25,2 Prozent Körperschaftswald und 44,4 Prozent Privatwald. Das Bundesland Hessen hat mit 39,4 Prozent den höchsten, Schleswig-Holstein mit 8,5 Prozent den niedrigsten Anteil des Waldes an der Landesfläche. Seit 1971 fällt in der Bundesrepublik Deutschland mehr Wald den Baumaschinen zum Opfer als neu angepflanzt wird: Die Waldfläche vermindert sich seither jährlich um rund 5000 ha.

Der Bonner Forstreferent macht eine Pause, denn er schämt sich ein wenig bei dem Wort Verfichtung. Der hohe Nadelholzanteil in unseren Wäldern ist eine Folge der Wiederaufforstung der durch Übernutzung verwüsteten Bestände und der Umwandlung ertragsschwacher Nieder- und Mittelwälder während des vergangenen 19. Jahrhunderts. Preußen brachte überall die Fichte hin, den »Brotbaum«, heute im Rheinland noch »Preußenbaum« genannt. Die Forstwirtschaft sei bemüht, den Anteil der Laubbaumarten und des Mischwaldes wieder zu erhöhen. Glauben wir es dem Herrn Referenten.

Der Referent zur Bedeutung des Waldes: Die Bedeutung des Waldes und der Forstwirtschaft erschöpft sich keineswegs in der Erzeugung und Bereitstellung des Rohstoffes Holz. Vielfältig sind die Leistungen des nachhaltig bewirtschafteten Waldes, zuerst als Nutzfunktionen: Rohholzproduktion, Bereitstellung von Arbeitsplätzen, Gewährung von Einkommen, Vermögensbildung, Grundlage für Holzwirtschaft und Fremdenverkehr, und als Schutz- und Sozialfunktionen: Ausgleich des Wasserhaushalts, Ausgleich von Klimaextremen,

Filterwirkung gegen Staub und Strahlen, Schutz vor Lärm, Schutz vor Bodenabtrag durch Wasser und Wind, Angebot von Erholungsmöglichkeiten, Beitrag zu Naturschutz- und Landschaftspflege, und schließlich: Lebensraum für das Wild.

Der Wald nun als Arbeitsplatz: Rund 90000 Vollarbeitsplätze und rund 900000 Beschäftigte (einschließlich Teilzeitbeschäftigte und Familienarbeitskräfte) stehen in der Statistik.

Zu den volkswirtschaftlichen Daten zählen: Gesamtwert des Waldes in der Bundesrepublik etwa 80 Milliarden DM, Produktionswert der Forstwirtschaft jährlich etwa 2,5 Milliarden DM, Produktionswert der Holzwirtschaft je Jahr über 50 Milliarden DM, Arbeitseinkommen (brutto) aus der Forstwirtschaft etwa 1,8 Milliarden DM.

Der Wert der vielfältigen Sozialleistungen des Waldes – so alles unser Referent – läßt sich gegenwärtig noch nicht beziffern. Er dürfte aber den Wert der jährlichen Holzproduktion erheblich übersteigen. Die Schwierigkeiten der Bewertung werden schon an wenigen Beispielen deutlich: zuerst die Staubfilterung: ein Hektar Nadelwald vermag im Jahr 36 Tonnen Staub aus der Luft auszukämmen; beim Lärmschutz reduziert ein 100 Meter breiter Waldstreifen den Lärmpegel (je nach Lärmquelle) um 10 bis 70 Phon; bei der Erzeugung von Sauerstoff: Aus Wasser und Kohlensäure bildet die Krone Zucker und Stärke als Grundstoffe für das Wachstum des Baumes. Dabei wird Sauerstoff frei, der an die Luft abgegeben wird.

Demoskopische Umfragen haben ergeben: Von der Bevölkerung des Bundesgebietes besuchen den Wald: 29 Prozent einmal pro Woche, 21 Prozent einmal alle vierzehn Tage,

25 Prozent einmal im Monat, 22 Prozent ab und zu im Jahr, 2 Prozent niemals.

Der Wald, Herr Referent, bleibt eine Zwangsvorstellung, aber Dankesehr für die Auskünfte. Und auch dem Bayerischen Staatsministerium für Ernährung, Landwirtschaft und Forsten ein ›Vergelt's Gott‹ für die Auskünfte: Mit rund 2,5 Millionen Hektar Wald ist Bayern das größte Waldland der Republik, und die bejagbare Fläche beträgt 6,7 Millionen Hektar.

Das Volkslied singt: Ja im Wald, da sind die Räuber; der Jägersmann durchstreift ihn, pirschend, schlendernd, nicht einmal immer das Wild oder die Räuber suchend, sondern oft genug peripatetisch. Das Bedürfnis scheint aus dem Tiefsten des Menschen zu kommen. Was der Jägersmann selten bedenkt, oft sogar verhehlt: daß man den Wald auch in Festmetern und Rohholzpreisen betrachten kann.

Im letzten Viertel des 19. Jahrhunderts (Pierers Konversationslexikon, 1893) war Wald »mit Holz bestandener Grund und Boden, welcher der Forstpolizei unterworfen (ist). Wert und Bedeutung des Waldes beruhen nicht allein in der Holzproduktion, sondern auch in seiner hygienischen Wirkung zufolge seines Einflusses auf die Temperatur und die Feuchtigkeit, endlich auch als Schutzmittel gegen die nachteiligen Wirkungen der Kräfte der Natur, insbesondere des Sturmwindes, wie auch als Regulator des Wasserkreislaufs«.

Im letzten Viertel des 20. Jahrhunderts (Brockhaus, 1975) ist Wald »Fläche mit dichtem Baumbewuchs jeder Größe. Nach heutiger Auffassung ist der Wald die organische Ganzheit einer Lebensgemeinschaft von Pflanzen und Tieren, wozu auch die Boden- und besonderen klimatischen Verhältnisse gehören«. Aber das hatten wir schon.

Das Wesen des Waldes, aufgebaut so hoch da droben, tut sich nicht nur dem Jäger auf. Bei einem Pirschgang oder beim bloßen Spazierengehen im Wald, auch beim nichtnachdenklichen, tun sich einem Wunder auf. Jedenfalls ist das Wunder vom Wunderbaren nicht weit entfernt. Was sich selber der Waldgänger nicht bekennen mag, wird beim Waldgang vernehmlich. Es ist die Gedanken schaffende, Gefühle bewirkende Kraft: Man kommt, im besten Sinne des Wortes, in Stimmung. Die Quellen erklingen, die Bäume rauschen all'.

Doch die Welt hat nicht die Harmonie, die das Volkslied besingt, sie ist nicht das Dulce jubilo der Lateiner. Dem herzigen Rehlein drüben, links von der krummen Kiefer, wird der Jäger gleich das Lebenslicht ausblasen, denn hier, im Jagdrevier, herrscht keine freie Marktwirtschaft, sondern Planwirtschaft. Der Abschußplan muß erfüllt werden. Dem herzigen Rehlein wird er gleich die Kugel antragen.

Der Wald ist nun eine Holzfabrik. Die leichten Motorsägen haben Äxte und Handsägen längst ersetzt. Traktoren traten an die Stelle von Pferden beim Einholen, und jüngst wurde eine Maschine eingeführt, die buchstäblich Bäume »aberntet«, zurechtstutzt und auf die richtige Stammlänge zuschneidet. 1955 brauchte man 35 Tagewerke, um 100 Kubikmeter Holz zu schlagen, 1976 sind nur noch fünf Tagewerke nötig. Nur noch dreißig Prozent der Arbeit werden von Hand getan. Maschinell werden die Bäume geschlagen, abgeästet und gestapelt. Beim Lohnsystem, das auf Produktivität und Akkord basiert, verdient ein Waldarbeiter oft mehr als ein Oberförster. Im Wald findet man die eindrucksvollsten Tatsachen, den raschen Wandel der Dinge zu fixieren.

Der Wald, geschützt durch mancherlei Gesetze, leuchtend zu

allen Jahreszeiten in allen Farben und Ultrafarben, ist ein Stück Versöhnung zwischen Schöpfer und Kreatur.
Linker Hand, zur Seite am Riemen, marschiert lautlos der Hund neben dem Jäger. Es ist Glücks genug, für beide. Drüben, wie gesagt, das Stück Rehwild. Der Weltanschauung, daß es herzig ist, bleibt nichts hinzuzufügen. Gleichwohl streicht der Mann die Büchse an einer Buche an. Und hier liegt der seltene Fall vor, daß der Schuß, der tatsächlich fällt, unterdrückt wird. Denn vom Wald war die Rede, der bei Politikern – Staatswald schon seit Jahren in den roten Zahlen – das schöne Stiefkind ist.

8. Der Weltbeste aus dem Hürtgenwald

Die Natur hatte es kompositorisch gut gemeint. Das Erscheinungsbild der Schnecken veranschaulichte ein besonders schönes – man möchte sagen – Kunstwerk. Das Porträt des Widders mit der ebenmäßigen Drehung der Schnecken war sogar im Katalog abgebildet. Auch die Maße las man: 238,00 internationale Bewertungspunkte, Weltbester, Erleger Freiherr von Ulmenstein, erlegt 1961 in der Nordeifel, Länge der rechten Schnecke 104,5 cm, der linken 101,5, die Auslage betrug 71,5 cm. Es war ein Jahrzehnt nach dem Erlegen, auf der Weltjagdausstellung 1971 in Budapest, wo ich ihn wiedersah.

Das Porträt, nämlich der Kopf des Weltbesten, auf einem Holzbrett präpariert, ließ die Absicht erkennen, sich präsentieren zu wollen und sich, davon losgelöst, an 238,00 Bewertungspunkten zu ergötzen.

Der Muffelwidder an der Wand, mit den Mitteln der Tierpräparation zurechtgemacht, ließ den Eindruck von Melancholie entstehen. Für Trauer und etwas Verstocktheit mußte der Weltbeste anfällig gewesen sein. Er schaute mich lange an, aus künstlichen Augen, versteht sich. Es lag nahe, daß ich in Budapest etwas länger vor dem präparierten Kopf verweilte.

Vor schnellen Schlüssen sollte man sich hüten. Man hat, um das zu sagen, dem Weltbesten die Prädikatisierung wieder entzogen, er konnte nicht Weltbester bleiben. Eine Heid-

schnucke mußte, so urteilte die Jury, bei dem Widder im Spiel gewesen sein, also, grob gesagt, ein Hausschaf.
Man müßte über diesen Muffelwidder eine Geschichte mit epischem Inhalt schreiben. Auf eine mehr kategorische und minder schlüssige Art war mir dieser Widder, als ich in der Eifel mit einem Oberförster auf einen Hochsitz zusteuerte, um auf einen Hirsch anzusitzen, in Anblick geraten. Er zigeunere viel umher, wurde gesagt, meist halte er sich im Bereich des Forstamtes Hürtgenwald auf.
Ich habe mich in unserem Falle der Wissenschaft anvertraut. Erhard Ueckermann, Direktor der Forschungsstelle für Jagdkunde und Wildschadenverhütung in Niederholtorf bei Bonn, hat mir Anfang 1976 die Geschichte des Widders bestätigt:
»Erstmals bewertet wurde der Spitzenwidder bei der Deutschen Jagdausstellung in München im Jahre 1963. Er nahm auch hier eine Spitzenstellung ein und erhielt die Wertziffer von 248,7 Punkten. Allerdings erfolgte die Bewertung damals nach der Prager Formel, bei der der Umfang der Schnecken jeweils an der stärksten Stelle der Schläuche gemessen und mit drei multipliziert wird.
Heute ist international die Madrider Formel verbindlich. Bei ihr ermittelt man den Schneckenumfang im ersten Drittel, im zweiten Drittel und im dritten Drittel der Schläuche. Durch den natürlich gegebenen Abfall der Stärke der Schläuche entsteht so eine geringere Wertziffer, da die sektionsweise ermittelten Durchschnittswerte mit eins multipliziert werden. Die Prager Formel legte man 1937 in Prag, die Madrider Formel 1952 in Madrid fest, d.h. jeweils bei Hauptversammlungen des Internationalen Jagdrates zur Erhaltung des Wildes. In dem CIC, so war die frühere Abkürzung dieser

internationalen Vereinigung, arbeitet eine Trophäenbewertungskommission, heute in Form einer Arbeitsgruppe, der ich derzeit auch angehöre. Wir bemühen uns, dadurch eine gewisse Stetigkeit in die Bewertungen zu bringen, daß für die Zukunft Formeländerungen praktisch ausgeschlossen werden.

Bei der Weltjagdausstellung in Budapest stand der Widder zunächst als Weltbestleistung an erster Stelle. Da man in diesem Falle die Madrider Formel anwandte, kam man automatisch zu einem niedrigeren Punktwert. Eine weitere Absenkung der Werte entstand, als man für die Schönheits*punkte* geringere Bewertungen vornahm. In dem Hauptkatalog der Weltjagdausstellung in Budapest befindet sich auf Seite 284 ein Foto, das den Widder, bewertet mit 238 Punkten, als Weltbestleistung herausstellt.

Soweit ich mich erinnere, waren in der Bewertungskommission selbst unterschiedliche Auffassungen darüber, ob man diesen sehr stark nach außen drehenden Widder, der dadurch eine sehr hohe Wertung für die Auslage erhält, überhaupt in die Bewertung einbeziehen darf. Vertreter aus osteuropäischen Ländern, vermutlich in erster Linie die Kollegen aus der Tschechoslowakei, setzten dann durch, daß ein Beschluß gefaßt wurde, nach dem der Widder von Freiherr von Ulmenstein aus der Bewertung herausgenommen wurde. In einer Ergänzung zu dem Ausstellungskatalog findet sich auf Seite 65 eine Aufstellung über die Weltbestleistungen; an die erste Stelle ist dabei der Widder aus der Tschechoslowakei mit 236,95 Punkten gesetzt worden.

Eine solche nachträgliche Änderung der Rangordnung ist, ohne einen sehr gewichtigen Grund, aus meiner Sicht nicht zulässig. Sie ist aber leider erfolgt. Die Frage ist nur, ob der

im ehemaligen Forstamt Roetgen erlegte Widder ein Kreuzungsprodukt darstellt, das in seiner Schneckenbildung derart von den europäischen Wildschafen abweicht, daß eine Wertung unterbleiben muß. Ich bin der Ansicht, gestützt auf das Urteil von Kennern, daß hin und wieder auch in den Verbreitungsgebieten, in denen das europäische Wildschaf, das Muffelwild, rein vorkommt, Abweichungen in der Schneckenbildung auftreten, wie sie der von Freiherr von Ulmenstein zur Strecke gebrachte Widder zeigt. Die starke Drehung der Schläuche über einen Vollkreis hinaus kann durchaus als eine Aberration in einem sonst dem Typ des europäischen Muffelwildes entsprechenden Bestand angesehen werden.«

Man möchte kein Spielverderber sein. Eine neue Zeit ist angebrochen, wir wissen es.

9. »*Waidmann*« *oder* »*Weidmann*«

Ein Überangebot an Wai(ei)dmannssprache versucht der Jungjäger zu bewältigen. Hier muß sogleich auf das westdeutsche »Waidwerk« eingegangen werden, das wir nicht »Weidwerk« nennen mögen, dem Duden und der DDR zum Trotz, sondern mit »ai« schreiben. Es scheine, so schrieb ich damals, mehr als ein Druckfehler zu sein.

Ich kann diesen philologischen Wechselbalg des Wortes nicht anrühren, ohne sogleich an Tage aus dem Kriege erinnert zu werden, als ich zwei Jahre einige hundert Kilometer über dem nördlichen Polarkreis als Soldat unter Fliegern lebte, selber einer war, wenn auch kein Jagdflieger, sondern Fernaufklärer. Flieger in Uniform waren schon immer seltene Vögel. Diese nun hier, sie nannten sich »Eismeerjäger« (es war das Jagdgeschwader 5), lagen an Europas nördlichster Küste, im höchsten Norden Finnlands, in Petsamo, Salmijärvi und Nautsi, dem sowjetischen Eismeerhafen Murmansk gegenüber, an der Fischerhalbinsel und an der Kolabucht, und ihr flotter Gruß untereinander hieß: »Horridoh und Weidmannsheil!« Dem Hörer, aber nicht dem Leser entgeht der Lapsus. Diese Jagdflieger schrieben, wenn sie den Gruß verwendeten, das Wort mit »ei«. Die kleine persönliche Reminiszenz muß erlaubt sein: Als ich an einen befreundeten Staffelkapitän den Gruß mit »ai« schrieb, fragte er hernach, was das »ai« zu bedeuten habe. Ich wußte es nicht. Doch seit 1971 weiß ich es von Dr. Uwe Förster von der Gesellschaft für deutsche Sprache, Wiesbaden, der zu meiner Bemerkung, daß das »ai/ei« mehr als ein Druckfehler sei, diesen Leserbrief schrieb:

»Es mag Sie etwas Orthographiegeschichtliches in ›Der Sprachendienst‹ vom Dezember 1970 interessieren: Die mit Weid- (= Jagd-) zusammengesetzten Wörter gehören zu den wenigen, die im Rechtschreib-Duden (16. Auflage, 1967) durch eine Anmerkung erläutert werden: ›Obwohl etymologisch nur ›ei‹ gerechtfertigt ist, findet sich fachsprachlich oft die Schreibung mit ›ai‹. Dieses ›ai‹ entspricht einer alten bairisch-österreichischen Schreibtradition, die sich vom 12. Jahrhundert bis 1855 nachweisen läßt und auch in alemannischen und ostfränkischen Texten erscheint. Die ai-Schreibung erlangt aber keine große Wörterbuchtradition. Die orthographische Variante Waid(mann) ist aber trotzdem lebendig geblieben. Konrad Duden versäumte es 1880 nicht, bei dem Stichwort Waidmann auf Weidmann zu verweisen. Im Leipziger Duden (1947) und im Mannheimer Duden (1961) gibt es unterschiedliche Auslegungen, doch hat der Arbeitskreis für Rechtschreibregelung 1958 empfohlen, von der Doppelform Weid/Waid nur noch Waid beizubehalten. Etymologisch ist nur ›ei‹ gerechtfertigt. Da sich aber die Fachwelt einmütig für die ai-Schreibung entschieden hat, scheint es wenig zweckmäßig, den erbitterten Kampf fortzusetzen.«

So strahlt das leidige »Waidwerk« seine Faszination nun auch noch ins Philologische. Waidmannsheil! Für die Andersgläubigen: Weidmannsheil! Auf Rechtshändel lasse ich mich nicht ein.

10. O Wanderer, falt' die Händ'

Ein Exemplar »Gyps fulvus«, Gänsegeier, auch Alpen-, Fahl- oder Weißkopfgeier und Mönchsadler genannt, flog im Sommer 1975 in den Hohen Tauern im österreichischen Kärnten gegen die Tragseile der Ankogel-Gondelbahn, die zum Hannover-Haus des Deutschen Alpenvereins führt, stürzte ab und verendete. Es herrschte Nebel, wie berichtet wird. Gyps fulvus, der fast zweieinhalb Meter klaftert, also eine beachtliche Spannweite der Schwingen hat und von den Mallnitzer Jägern Lämmergeier genannt wird, obwohl er keiner ist, denn der kommt in Schwarzafrika vor – dieser Gyps fulvus hat ein großes Auge, mit dem er die Alpenwelt sieht, aber die Tragseile einer Gondelbahn sieht er nicht.

Der Jager Schrotmeier Sepp aus Stappitz-Rabisch hat den so elend ums Leben gekommenen Adler geborgen. Der König der Lüfte war den Kärtnern eine Lokalnotiz in der Zeitung wert, dann stopfte ihn der Tierpräparator Ferdinand Wutte aus Klagenfurt aus, und seit dem Jahresbeginn 1976 wird der Unglückliche von den vielen Skifahrern angestaunt, wenn sie an der Bergstation aus der Gondelkabine kommen, die sie aus dem Mallnitzer Seebachtal heraufgebracht hat.

Dieser Mönchsadler, zu Hause in den südeuropäischen Alpen und Nordafrika bis hin zum Himalaja, könnte eine Fremdenverkehrsattraktion sein. Wir feiern sonst nur das Andenken unserer ausgerotteten Vögel, aber diesen Gänsegeier gibt es noch, wenn auch selten, in Kärnten.

Und wenn einer der sechs höflichen Gendarmeriebeamten in Mallnitz gut gelaunt ist, schreibt er dem Fremden wegen falschen Parkens nicht gleich einen Bußgeldbescheid, sondern – es kommt selten genug vor – zeigt ihm einen hoch oben in den alpinen Regionen segelnden Steinadler (Aquila chrysaetos), unseren bundesrepublikanischen Wappenvogel. Der Aar, der König der Lüfte, der Steinadler, auch hier selbstverständlich geschützt, schlägt lebendes Wild, sogar ausgewachsene Gams und Schafe, der Gänsegeier sucht Aas. Als in den Tauernalpen ein Ochse abstürzte, zählte man nach einigen Stunden fünfunddreißig kreisende Gänsegeier.

Es ist wahr, die Welt der Wintersportplätze ist seltsam. Es gibt die mit Rummel und die ohne Rummel, die mit und ohne Hüttenzauber und Diskothek. Wenn ich richtig gezählt habe, gibt es in Mallnitz nur in den »Drei Gemsen«, im »Gemsen-Stadl«, eine Diskothek. Und dienstags Zithermusik mit Dancing. Aber der Tausendseelenort Mallnitz am Ausgang des mehr als acht Kilometer langen Tauerntunnels, genau gegenüber Badgastein, zweitausendfünfhundert Fremdenbetten, hat sich längst hochgestrampelt. Gottes Zorn oder Vergebung in den Lauf weltlicher Ereignisse hat dem alten Dorf ein hypermodernes Kirchlein verschafft. Man staunt über die Hypermodernität.

Vor fünfundzwanzig Jahren erlegte ich hier die erste Gams. Und jetzt war man zehn Jahre nicht hier. Der Stranig Anderl ist tot, der einen auf die Gams geführt hatte, dafür nimmt der Glantschnig Anselm einen mit zur Wildfütterung, wo der kapitale Hirsch namens Strutz steht. Kein Maultier zieht mehr seinen Weg in die Berge. Der Uhl Sepp und der Alber Franz, dieser inzwischen zum Kommerzienrat ernannt, gehen auf die Achtzig zu und sind mit den Jahren schon etwas überladen. Aber es ist eine klare Sache, gesund waren sie ihr ganzes Leben lang.

Mit 1200 Metern über NN ist dies eine gesunde, klare Luft zwischen den Dreitausender-Gebirgsstöcken mit Tauern-, Seebach- und Dösental; hohes Alter wird nahezu garantiert. Die Einwohner haben Gesichter wie gegerbtes Leder. Die Regierung in Klagenfurt hat befunden, daß diese Luft einem heilklimatischen Kurort gemäß ist. Das Dorf wurde 1976 als erster heilklimatischer Kurort in ganz Kärnten anerkannt.

Den Pucher Jack gibt es auch nicht mehr. Beim Pflücken einer Schneerose drüben im Italienischen fiel er tot um, Herzversagen; der Kommerzienrat Alber Franz schleppte ihn in seinen Wagen, setzte den Toten aufrecht in den Fond des Wagens, düpierte die italienischen und österreichischen Grenzbeamten, sagte, sein Freund habe einen Herzanfall bekommen, er müsse sich beeilen – welch eine Schererei wäre das sonst geworden –, und brachte den Toten über die Grenze heim. Und dann wußte man, was Jägerfreundschaft eigentlich ist, denn der Alber Franz schaffte es auch noch, ihm ein kirchliches Begräbnis zu besorgen, der Jack war aus der Kirche ausgetreten. R.I.P. Der Kommerzialrat sorgte auch dafür, daß das Marterl am Wegrand nicht übersehen wird:

»Ein Frauendokter woar's,
der hat hier g'schoss'n
statt einem Bock a Goas.
Oh Wandrer, falt' die Händ',
daß er's beim Menschen
besser kennt!«

Auch bei ihm: R.I.P.

Es hat drei Tage ohne Unterlaß geschneit. Das komme vom Adria-Tief, sagte der junge Salentinig, Uhl Hubert genannt, Skilehrer und Gemeinderat von Mallnitz. Dann drei Tage blanker, wolkenloser, blauer Himmel. Das komme vom Rußland-Hoch, sagt der Uhl Hubert. Die Hohen Tauern sind die Wetterscheide zwischen Nord und Süd. Ich besteige den Sessellift zur Häusleralm, wo die Skifahrer kurven und sausen. Durchs Glas, oben auf dem Grat, zähle ich fünf Gams; hier erlegte ich vor zwanzig Jahren einen Gamsbock; er sauste ins Kar in die Tiefe und war nur mit Salentinig Sepps Seil zu bergen. Ich schoß noch viele Gams hier.
Und wieder erkenne ich durchs Glas fünf Stück Gams, jenseits des Tauerntales, rechts von der Jamnigalm, unterhalb der Hagener Hütte. Sie stehen an der Baumgrenze, wo die Latschen vom Schnee eingepackt sind. Der grüne Bewuchs dieser Hochgebirgszonen ist zu zwei Dritteln Fichte, zu einem Drittel Lärche. Laubwald gibt's nicht, außer ein paar Birken und Erlen an den Bächen. Auf der Häusleralm findet man in jedem Frühjahr, zur Zeit der Balz, mindestens einen Birkhahn, der gegen die Seile des Schleppliftes geflogen ist und wie der Gänsegeier verendete. Wenn Ende März noch Skibetrieb ist, und das ist bis in den April, kann man die balzenden Kleinen Hahnen hören.
Der Auerhahn, der Große Hahn, jetzt ganzjährig geschützt, Kulturflüchter wie der Birkhahn, der Kleine Hahn, balzt jetzt nur noch in den guten Stuben und Dielen der Häuser, ausgestopft, vom Tierpräparator zurechtgemacht. Jeder Beuteinstinkt des Jägers wird beim Anblick der ausgestopften Vögel klein und häßlich.
Hier, in den Hohen Tauern, sagt Uhl Hubert, sei die Urheimat des Gamswildes. Im Gemeindegebiet Mallnitz, zwölf-

tausend Hektar, müssen laut Abschußplan jährlich einhundertzwanzig Gams erlegt werden, dazu fünfzig Stück Rotwild und sechzig Stück Rehwild. Man schaut zur Seite, wenn man das Wort »Stück« sagt. Die Gamsräude macht den Jägern zu schaffen, Grund wahrscheinlich die Überhege; anders gesagt: man hat nicht genug abgeschossen. Hier soll das Bild der Kreatur nicht verzerrt werden, aber gäbe es den Jäger nicht, wäre das ökologische Gleichgewicht in der Natur längst passé.
Das Tauerntal, flankiert von Lonza und Hindenburghöhe, die Jamnigalm mit der Geiselspitz und der Hagener Hütte im Hintergrund, ist ein modernes Lehrstück der Kommunalpolitik österreichischer Machart. Es stehe etwas Höheres dahinter, sagt der Gemeinderat. Wenn die Gemeinde die Straße durchs Tauerntal ausbaue, mit fester Decke, vier Kilometer

lang, würde eine deutsche Wohnbaugesellschaft drei Hotellerie-Hochhäuser auf der Jamnigalm bauen, das gebe Betrieb, 1800 Meter hoch. Manager aus der Bundesrepublik kamen. Mit dem Hubschrauber landete man auf der Geiselspitz (2974 m) und sah, daß es gut war: die reinen Bilder der heiligen Schöpfung. Es war ein Paradestück Hochalm-Landschaft, wo man die drei Hochalm-Hotels bauen wollte. Die Gemeinde investierte in den Straßenbau, die Straße ist fertig, aber die deutschen Finanzleute hatten mit der Rezession kalte Füße bekommen. Die Gemeinde ist auf jährlich einer halben Million Schilling Zins und Tilgung für zwei Straßen sitzengeblieben. Und sie wäre mit Gewißheit auch auf ihrem »Bettenberg« sitzengeblieben. Siehe da, es war sehr gut, daß für die Baulöwen die Rezession kam. Keins der drei Hochhäuser verschandelt jetzt das Hochgebirge. Noch nicht. O Wanderer, falt' die Händ'!

11. Reineke, die Tollwut und die Begasung der Baue

Ich sah und hörte im Fernsehen – Frühjahr 1976 – jenen Hamburger Rechtsanwalt, der sich zur Avantgarde der Naturschützer zählt, zum Wochenende als Jäger selbst ins Revier zieht, wie er bekannte, der beim Verwaltungsgericht Arnsberg ein (zweites) Urteil erstritten hatte: das Verbot des Begasens der Fuchsbaue. Das erste war bereits am 19. März 1974 vom I. Senat des Bundesverwaltungsgerichts ergangen. Er bestritt im Fernsehen, daß außer einer Frau vor vielen Jahren ein Mensch durch Tollwut umgekommen sei, alles sei halb so wild, und um ja nicht den Anschluß zu versäumen: Veterinäre und manche Jäger hätten das Problem zur Hysterie hochgetrieben.

Ich habe in den sechziger Jahren eigenhändig mit dem Jagdaufseher an die dreißig Fuchsbaue »begast«. Es bleibt kaum darzustellen, was einen zu Reflexionen neigenden Menschen überkommt. Durch Einsicht kann das Problem Fuchs-Begasung nicht beschworen werden. Wir, die Jäger mit der Pro-Meinung, sind mal wieder in aller Munde und verlieren die eigene Sprache. Zwei Gerichtsurteile, deren gute Absicht nicht minder rührt als ihre Hilflosigkeit, mit der Tollwut fertigzuwerden.

Der in Deutschland gegenwärtig zu beobachtende Tollwutseuchenzug, durch das Wild geprägt, begann etwa um 1950. Es gab zwar nach dem Ersten Weltkrieg bereits einen Tollwutseuchenzug, fast ausschließlich vom Hund geprägt. Und es gab einen, der siebenundzwanzig Jahre dauerte, nach den Napoleonischen Kriegen; Auslöser war meist der Hund, später der Fuchs. Sie wurde ursprünglich die Hundswut oder die Wutkrankheit genannt. Sie ist auf Menschen und zahlreiche Tiere übertragbar, es ist eine akute Infektionskrankheit. Das Gift hat seinen Sitz im Zentralnervensystem, dem Gehirn und Rückenmark, aber auch im Speichel und Schleim des Maules findet es sich.

Seuchenartig war die Wut 1851 bis 1856; in dieser Zeit kamen in Hamburg allein 600 Wutanfälle vor, während 1886 und 1887 in ganz Preußen nur 386 Hunde der Tollwut zum Opfer fielen. Die Krankheitserscheinungen beschreibt ein altes Lexikon aus dem 19. Jahrhundert: Das Vorläuferstadium charakterisiert sich durch Abweichungen im Benehmen des Tiers, es wird verstimmt, mürrisch, widerspenstig, lichtscheu, unruhig, legt sich hin wie zum Schlaf, steht aber bald wieder auf und nimmt ein anderes Lager, verschmäht die gewöhnlichen Nahrungsmittel und läßt das Futter oft wieder aus dem Maul fallen; nimmt meist unverdauliche Gegenstände mit großer Gier zu sich, beleckt besonders gern kalte Gegenstände, frißt sogar oft den eigenen Kot und beleckt den eigenen Harn, Unsicherheit beim Gehen, Zittern des Hinterteils, Erweiterung der Pupille.

Nach zwei bis drei Tagen kommt dann das Stadium der eigentlichen Wut (Irritationsstadium); heftige Neigung zum Entweichen aus dem Hause des Herrn und zum Herumschweifen. In der Regel kehren die Tiere nach 24 Stunden wieder ins Haus zurück und sind dann furchtsam und scheu oder auch ungewöhnlich freundlich. Zugleich beobachtet man ungewöhnliche Beißsucht. Die Dauer eines solchen Anfalls beträgt einige Stunden bis einen ganzen Tag. Hunde blickten bekannte Personen stier an, schnappen in die Luft wie nach Fliegen; dabei kann man sie schlagen, stechen, brennen, ohne daß sie einen Laut des Schmerzes von sich geben. Das wichtigste Symptom ist die Veränderung der Stimme und die Art des Bellens. Eine eigentliche Wasserscheu besteht nicht. Manchmal ist hochgradige Schlingbeschwerde vorhanden. Unrichtig sind die Angaben, daß aus dem Maul wütender Hunde beständig schaumiger Schweiß fließt, daß sie den Schwanz zwischen die Beine klemmen und daß sie stets geradeaus laufen.

Nach drei bis vier Tagen, häufig auch schon früher, stellt sich das paralytische Stadium, das Stadium der Lähmung ein. Die Tiere werden immer schwächer, aus dem meist trokkenen Maul hängt die bleifarbene Zunge heraus; die Stimme ist heiser, das Hinterteil wird gelähmt; zuweilen treten Konvulsionen ein, die sich mitunter bis zum Starrkrampf steigern; der Tod tritt am fünften bis siebten Tag ein. Der Tod des Menschen wird fast ausnahmslos durch den Biß wutkranker Tiere erzeugt.

Die seltsamsten Dissonanzen beschäftigen einen, wenn man an diese schreckliche Krankheit denkt. Bei den jetzigen Tollwutanfällen handelt es sich nach den veterinärwissenschaftlichen Untersuchungen in 79 Prozent der Fälle um Wild. Dabei war der Fuchs mit 52 bis 67 Prozent beteiligt. Unter den 21 Prozent Haustiertollwut waren am stärksten beteiligt die Katzen mit 37 Prozent, dann die Rinder mit 31,5 Prozent und schließlich die Hunde mit 25,5 Prozent. Diese Zahlen stammen aus dem Ministerium für Ernährung, Landwirtschaft und Forsten von Nordrhein-Westfalen.

Es sei auffallend, so sagt man dort, daß zur Zeit anscheinend in der ganzen Welt wildlebende Tiere eine hervorragende

Rolle bei der Tollwut spielen. Seien es bei uns vor allem die Füchse, so in Nordamerika vor allem die Skunks, Kojoten und Fledermäuse, in Südamerika ebenfalls die Fledermäuse und in Afrika die Zibetkatzen und Schakale. In neuerer Zeit spiele der Fuchs auch eine hervorragende Rolle in Sizilien.
Jener Hamburger Rechtsanwalt hatte in der Bundesrepublik nur von einer Frau gehört, die an der Tollwut gestorben sei, in Sizilien kamen in einem Jahr 87 Menschen und 2304 Tiere an Tollwut zu Tode. Auch von den 32 Todesopfern in der DDR hatte unser Rechtsanwalt anscheinend nichts gehört.
Von großer Empfindlichkeit sind wir Jäger bei Einwänden und Widerständen, wenn behauptet wird, eine Reduzierung des Fuchsbestandes störe das biologische Gleichgewicht im Walde, und Mäuseplage sei die Folge. Unstreitig ist, daß dort, wo der Fuchs besonders stark bejagt wurde, die Mäuse zunahmen; aber auch das Umgekehrte ist wissenschaftlich nachgewiesen. Eigene Erkenntnis im eigenen Revier: Die ganzjährig geschützten Greife, vor allem Mäusebussard und Turmfalke, sind ein auffallendes Regulativ geworden.
Wer die Tollwut im eigenen Revier erlebt hat, kennt das Bild der Wirklichkeit. Merke, sagt das russische Sprichwort: Halte Freundschaft mit dem Bären, halte aber auch die Axt bereit. Vorsicht ist die Mutter der Weisheit.
In der zweiten Hälfte der sechziger Jahre fand ich im eigenen Revier: zwei verendete Füchse, einen schon verluderten Dachs (alle Tiere wurden wegen offensichtlicher Tollwut verbrannt). Man könnte aus dem vollen schöpfen: Ein Fuchs folgte, aus einem Vorgarten kommend, einem jungen Mann, der in einen Volkswagen steigen wollte. Die entlegene Mühle in einem Tal des Reviers, wo Großmutter, Mutter und Sohn,

eben jener junge Mann, wohnten, stand etwas windschief zwischen steilen Hängen. Der Fuchs versuchte, sich in ein Trittbrett des Wagens festzubeißen, verdrückte sich dann aber in einem Hang. Der aus dem fernen Dorf herangeholte Feuerwehrwagen, dessen Fahrer zufällig unser Jagdaufseher war, holte den tollwütigen Fuchs mit dem Wasserstrahl aus dem Unterholz, dann bekam er den Schuß. Eine Ricke, Scheuerstellen und Verletzungen am Kopf, hatte alle Scheu verloren und bekam die Kugel. Auf einer Landstraße, aus einem Graben kommend, stellte sich eine Fuchsbätze mitten auf der Straße gegen mein ankommendes Auto. Noch ehe ich die Waffe zur Hand hatte, flüchtete sie, merkwürdig kekkernd.

Wir wollen uns nicht gleich solidarisch erklären mit jeder Behörde, die die Begasung der Baue fordert. Man ist zu fragen versucht, ob ein Gericht, das die Begasung der Baue mit wohllautenden Formulierungen untersagt, die Wirklichkeit nicht allzu eilfertig überspringt.

In der Begründung des Urteils des Bundesverwaltungsgerichts von 1974 heißt es, daß »nur die Tötung seuchenerkrankter und -verdächtiger Tiere ... angeordnet werden darf. Die Anordnung der Tötung anderer, etwa nur seuchenanfälliger oder -gefährdeter Tiere oder gar einer ganzen Tiergattung aus seuchenprophylaktischen Gründen liegt nicht mehr im Rahmen der Verordnungsbefugnis«. Der Verordnungsgeber habe »eine Ausrottung der ganzen Tiergattung Fuchs nicht beabsichtigt; sie wäre auch praktisch kaum durchführbar«. Die Tollwutverordnung ordne »generell die Tötung der Füchse an ... Aus seuchenprophylaktischen Gründen sollen – bis zur Zweckerreichung – alle Füchse, deren Baue aufgespürt worden sind, mitsamt den Jungfüchsen

getötet werden, um den seuchenanfälligen hohen Fuchsbestand drastisch herabzusetzen. Damit überschreitet die Verordnungsregelung die eingangs dargelegten Grenzen ihrer gesetzlichen Ermächtigung und ist ungültig.«
So weit, so gut. Der Hamburger Kläger wird auf den Beifall mancher Jäger und aller sogenannten Natur- und Wildschützer rechnen können. Er hat eine Ideologie daraus gemacht, die er austrägt. Es wird zur Tendenz erhoben, was hier unklar und ungeschieden zusammenwohnt. Welche Assoziationen werden nicht bei uns älteren Deutschen bei dem Wort »Begasung« geweckt!
Auf den Fuchs, wann und wo er auch auftritt, wird Dampf gemacht, sogar auf die führende Fähe. Dachs und Marder sind Wild und demgemäß geschützt. Der Fuchs hat keine Schonzeit und – sollte man annehmen – ist demgemäß kein Wild. In Sprichwort, Märchen, Fabel und sogar in der Politik spielt er seit den ältesten Zeiten seine Rolle.
Im 19. Jahrhundert wurde er mit Strychnin, im 20. mit Gaspatronen (Bau-Begasung) verfolgt. Die Fuchsjagd gehört zur niederen Jagd. Mein Vater fing gelegentlich den Fuchs mit Tellereisen und Schwanenhals. Ein Fuchs, der einmal einem schlecht gelegten Eisen entkommen war, war »verpönt« oder »verprellt« und ließ sich nun sehr schwer fangen. Um Füchse zu schießen, stellt man sich frühmorgens oder abends – auch an schönen Maitagen, wo die jungen Füchse gerne auf dem Bau spielen – in der Nähe dieses Baues mit gutem Wind auf, oder man erwartet sie auf einem vorher ausgemachten Paß, reizt sie mit der Hasenquäke und mäuselt sie heran. Auch durch ein Geschleppe oder ausgelegtes Luder lockt man sie an. Der Fuchs wird auf Treibjagden und vor dem Hund geschossen, in England mit Hunden gehetzt und im Bau mit

Dachshunden aufgesucht, ausgegraben, in vorgelegtem Netz gefangen oder beim Herausfahren erlegt.

Adenauer ließ sich gerne als Großmutter der Füchse apostrophieren. Bei den Griechen und Römern stand der Fuchs im Ruf des schlauesten und falschesten Tieres, das alle anderen überliste. »Reinardus vulpes« war das bekannteste satirische Gedicht im Mittelalter. Der flämische Dichter Willem übertraf 1836 mit »Reinaert de Voss« alle übrigen Dichtungen dieses Gebiets.

Es ist ein Werk der Barmherzigkeit, den Fuchs scharf zu bejagen. Aber spricht sich der Jäger *für* eine selbstverständlich rechtlich einwandfreie Fuchsbegasung aus, stellt er sich gegen alle diejenigen aus den eigenen Reihen, die die Verwendung von Gift gegen Wild grundsätzlich ablehnen. Er stelle sich gegen diejenigen, so hieß es 1976 auf der Jahreshauptversammlung des »Deutschen Jagdschutzverbandes« (DJV), die an der Wirksamkeit dieser Bekämpfungsmaßnahmen Zweifel hätten, und ziehe den Jägern insgesamt noch den falschen Vorwurf zu, sie wollten die Füchse ausrotten, weil sie die Hasen und Fasanen den Füchsen nicht gönnen, sondern lieber selber erbeuten würden. Und so etwas, so der DJV, werde dann gedruckt und gesendet und leider auch geglaubt. Spreche sich aber der Jäger gegen die Begasung aus, so stelle er sich damit gegen alle Behörden, von der Weltgesundheitsorganisation und die für sie tätigen Wissenschaftler über die Bundes- und Landesregierungen bis zu den Landräten und Bürgermeistern, die etwas gegen die Tollwut unternehmen müßten, wenn Alarmmeldungen eingingen. Lediglich Hinweisschildchen an den Ortsein- und -ausgängen, hier herrsche die Tollwut, genügen nicht.

Ratgeber sind da, Widerstände sind da. Der Waidmann stellt

sich gegen die Bauern und Waldbesucher und bringt die Jäger insgesamt in den Ruch, Zyniker zu sein, denen ihr Grundsatz, Wild dürfe nur auf waidgerechte Art getötet werden, wichtiger ist als Leben und Gesundheit von Mensch zu Tier.

Die Jägerschaft, so hat sie 1976 auf dem Verbandstag wissen lassen, sei sich klar darüber, daß man in jedem Falle an den Jägern Kritik übe, ob sie nun zur Fuchsbaubegasung ja oder nein oder überhaupt nichts sage. Man hat Auswege gesucht, man finanziert Forschungsvorhaben, die darauf abzielen, der Wildtiertollwut durch Immunisierung der Füchse zu begegnen. Durch gleichzeitige Förderung der Forschung unterstützt man das Bemühen, praktikable und unbedenkliche Alternativen zur Verringerung der Fuchsbesätze mittels Giftgas zu finden. Eine Besatzdichte von zwei Füchsen auf tausend Hektar werde, meint man, dem Seuchenzug ein Ende bereiten.

Den Hamburger Rechtsanwalt, der zum Kadi ging, wird man nicht von seinem Zweifel befreien. Und uns andere Jäger auch nicht. Wie kommen wir dazu, mit inhumanem Giftgas eingreifen zu wollen in das Leben der Kreatur, hier des Fuchses, des Meisters Reineke. Eine Anfechtung nach der anderen, damals, in den sechziger Jahren, wenn man draußen vor dem Fuchsbau mit der Taschenlampenbatterie die Gaspatrone im Innern des zugeworfenen Baues zündete. Die Zunge, wie es bei Hiob heißt, klebte einem am Gaumen.

12. Von der Schwierigkeit, eine Talk-Show zu bestehen

Er hatte mich vorher im Bonner Bundeshaus besucht, der Talk-Show-Master Dietmar Schönherr. Ich schien ihm einigermaßen Verläßlichkeit zu garantieren. Er selbst war nett, aber er litt doch unter der Last seines Bekanntheitsgrades. Die Augen waren etwas geblendet vom Licht seines kurzen Fernsehruhms. Leider hat die Talk-Show mit mir (und dem Wiener Arik Brauer und der Hamburgerin Helga Feddersen) dazu beigetragen, obgleich er's deswegen nicht verdient hatte, ihn von der Mattscheibe zu verbannen. Im nachhinein tat er mir leid. An jenem Tage, als es passierte, wurde in Bonn der neue Bundespräsident Walter Scheel gewählt, es war also am 15. Mai 1974.

Obwohl ich in der Schönherr-Runde, wie mir die Kritiker und mein eigenes Gefühl sagten, eine schlechte Figur gemacht hatte, konnte ich Master Schönherr keinen Lorbeerkranz aufs Haupt drücken. Hier ist wörtlich der Dialog zwischen ihm und mir (nachgedruckt damals vom »Kölner Stadt-Anzeiger«): Schönherr: »... Ihr neuer Präsident – ich kann das sagen, ich bin ein neutraler Ausländer –, daß Ihr neuer Präsident Anhänger eines Sportes ist, der eine Nebenform menschlicher Geisteskrankheit darstellt. Das klingt ein bißchen perfid, aber ...«

Henkels: »Ja, das wollt' ich sagen ...«

Schönherr: »... das ist aus dem Zusammenhang gerissen. Der Satz stammt von dem großen Liberalen und Humanisten

Theodor Heuss, der das über die Jäger gesagt hat, und er ist Ihrem Buch ›Jagd ist Jagd & Schnaps ist Schnaps‹ entnommen. Also, er hat gesagt: ›Jägerei ist eine Nebenform von menschlicher Geisteskrankheit.‹ Was sagen Sie dazu?«

Henkels: »Dazu möchte ich, offen gestanden, keinen Kommentar geben.«

Schönherr: »Sie möchten sich die Jäger nicht verärgern!«

Henkels: »Nein, nein, weil er, mit Verlaub gesagt, Quatsch ist. Aber unser neuer Präsident, ich kann es sagen, ist seit zwei Wochen Jäger, das heißt also, er hat seinen Jagdschein gemacht.«

Schönherr: »Da wollt' ich doch mal was fragen. Ich meine, Sie betrachten die Jägerei so als Heger, und wie das immer so dargestellt wird?«

Henkels: »Das sowieso. Also, zur Jagd brauchen Sie ein bißchen, was die Jäger Passion nennen, aber ich war da in Ihrer Heimat mit Herrn Scheel und einem Botschafter aus Paris, von Braun. Wir wohnten in einem Schloß und . . .«

Schönherr: »Was haben Sie da geschossen?«

Henkels: »Also, ich selber, ich darf mich da zuerst nennen, ich schoß eine Gams und einen Hirsch. Der Herr Scheel schoß nur einen Hirsch . . .«

Schönherr: »Ich dachte, einen Bock . . .«

Henkels: ». . . und der Herr von Braun schoß gar nichts.«

Schönherr: »Ich finde, ich bin ganz ernst jetzt, die reden sich immer 'raus aufs Hegen, ich meine, da stelle ich Ihnen mal ganz beinhart eine Frage: Da fahren Sie und der Herr Scheel wie in alten Zeiten so die Hofleute, nicht wahr, die feudalen Menschen, fahren Sie in unser schönes Land Österreich, und da schießen Sie einen Hirsch und eine Gams. Was geht das Sie an? Was haben Sie dort zu tun?«

Henkels: »... da kann ich nur sagen ...«
Schönherr: »Was haben Sie dort zu hegen? Wir haben hervorragende Förster in Österreich, die viel besser schießen, wie auch den berühmten Förster vom Silberwald. Ich bin der Meinung, daß das überhaupt nicht in Ordnung ist.«
Henkels: »Dieser Tierschutzpazifismus – Sie sind ein Tierschutzpazifist, wie ich sofort bemerkte –, darauf kann ich nur sagen, das ist vielleicht kein Argument: Lassen Sie Ihr saudummes Geschwätz! Ist das sehr hart?«
Schönherr: »Damit haben Sie sich sehr geschadet ...«
Henkels: »Das spielt keine Rolle.«
Es ist wahr und wahrhaftig, daß es mir so herausgerutscht ist, weil die Regie uns, den Akteuren, schon längst Kontrolltäfelchen aus dem Dunkel vor die Nase gehalten hatte, und darauf standen nur die Zahlen »1« und »5«, und dies bedeutete, noch zehn, noch fünf Sekunden bis zum Ende der Sendung. Argumentieren konnte ich mit dem Talk-Master nicht mehr; also sagte mein Oberstübchen: Blattschuß.
Im Kopf konnte ich gleich die Reaktion notieren. Die Sendung wurde von vielen Millionen gesehen. Waidmannsheil! hörte ich es ironisch aus den Kulissen. Je später der Abend, um so kräftiger die Kritik:
»Express«, Köln: »Kaum guter Stil für einen Mann von Welt, ein Etikett, auf das Walter Henkels sonst so großen Wert legt.«
»Aachener Volkszeitung«: »Dieser Klatschspaltenjournalist auf gehobener Ebene.«
»Der Abend«, Berlin: »Ausgerechnet von dem Kolumnisten Walter Henkels mußte Schönherr sich über den Mund fahren lassen.«
Jedoch auch: »Münchner Merkur«: »Schönherr hatte keine

Fortune. Henkels konnte den Angriff auf Jagd und Jäger als ›dummes Geschwätz‹ abschmettern.«
»Neue Osnabrücker Zeitung«: »Schönherr kanzelte Henkels in so pampiger, unfairer und selbstherrlicher Weise ab, daß man das nur mehr als peinliche Entgleisung registrieren konnte.«
Mit viel Waidmannslust warf sich unmittelbar nach der Sendung mittels Fernschreiben an den Westdeutschen Rundfunk und an den Talk-Master ein Funktionär des Deutschen Jagdschutzverbandes ins Getümmel, und statt mir Respekt und Beifall zu zollen, entschuldigte er sich – man sah deutlich ein Zucken in seinem Gesicht und ein Wackeln seines schwarzen Schnurrbartes – »für die patzigen Antworten, die Sie von Herrn Henkels bekommen haben, im Namen aller Jägersleute, die sich von Walter Henkels schlecht vertreten fühlten«.
Und es klang das Credo: Die Tierschutzpazifisten schrieben

böse Briefe über meine Arroganz, siebzig Prozent waren gegen mich, die Schreiber hatten nasse Augen; aber der Bundesrichter i. R. Dr. Claus S. aus Karlsruhe schrieb: »Ihr Auftreten hat mir sehr gefallen.« Sophie B. aus Düsseldorf: »Beim ›pingeligen‹ Walter Henkels scheint der Begriff Taktgefühl ein Fremdwort zu sein.« Gerda R., ebenfalls Düsseldorf: »Arrogant und selbstbewußt, sind Sie nicht einmal in der Lage, eine Meinung oder die Frage eines anderen zu ertragen, ohne aus der Rolle zu fallen.« Ellen M. aus Berlin: »Theodor Heuss hat ganz und gar recht.« Röttger K. aus Hennef (Sieg): »Zurückhaltung und Vorsicht, statt ins offene Messer des Herrn Schönherr zu rennen.« Asta M. aus Kattenvenne (Westfalen): »Meine Frage an Herrn Schönherr: Warum kommt er so oft und so gern nach Deutschland, wo wir genug gute und sehr gute Schauspieler und Show-Master haben?« Und der Funktionär schrieb: »Ich bitte Sie, mir zu verzeihen, um der Sache willen.«
Wie man's auch dreht, man hat es mir gegeben. Meinen Leichnam aus der Talk-Show habe ich längst selber verbellt. Und dem Funktionär ist verziehen.

13. Der Rothirsch im Soonwald zwischen Wunsch und Hoffnung

Es ist die alte Verzauberung – Einladung auf den Hirsch der Güteklasse Ia. Uns bejahrteren Leuten fällt viel Sinniges und Tiefsinniges ein, wenn von der Jagd auf den Rothirsch überhaupt die Rede ist. Nun diese Einladung auf einen Eins A. Schon beim alten Brehm heißt es, daß der Hirsch den Angehörigen der höheren Stände vorbehalten sei. Aber jeder scheinbaren und auch jeder offenbaren Gerechtigkeit zu diesem Brehm-Wort zum Trotz traf mich die Einladung.

Man hat schon ein nicht geringes Stück Waidwerk hinter sich gebracht, auch der Hirsche waren wohl an die zwei Dutzend, die ich strecken konnte. Im Exkurs über den Eins A müßte ich zu einigen manipulativen Hilfsmitteln und Kunstgriffen kommen, wenn ich sagen wollte, ich kenne etwas vom Rothirsch. Aber ich würde keinen Finger krumm machen, wenn nicht ein hirschgerechter Jäger, einer, der in der hohen Jagd erfahren wäre, neben mir säße oder stünde und sagte: »Machen Sie sich fertig. Das ist er.«

Ein Eins A war mir immer eine Fata Morgana. Nur zweimal, in Staatsrevieren im Schwarzwald und an der belgischen Grenze in der Schnee-Eifel, habe ich je einen alten Hirsch mit einem kapitalen Geweih vor mir gehabt, jeder mindestens elf- bis zwölfjährig. Schießen durfte ich sie nicht.

Der alte Hirsch, bevor er aus der Dickung tritt, sichert mißtrauisch. Er hat, es sind alles Altersmerkmale, ein breites Haupt (Grind), einen etwas müden Ausdruck, eine Kehl-

wamme, einen starken Brunftkragen, und die Art seiner Bewegung ist auffallend.
Die Geweihform ist selten ein Wertmaßstab beim Ansprechen, jedenfalls erst an letzter Stelle. Sie ist aber, wie der hirschgerechte Jäger weiß, ein besonders kennzeichnendes Merkmal für den Einzelhirsch und seine Wiedererkennung im nächsten Jahr. Es gibt Hirsche mit enger, weiter und sehr weiter Auslage, steilstehend und herzförmig.
Es ist etwas sehr Schlimmes, wenn man unter Rotwildjägern sagt, die Geweihbildung in erster Linie als Erbmerkmal zu betrachten sei apokryph. Die meisten, wenn sie solche Bemerkungen vorgesetzt bekommen, haben sofort ein Grummeln im Magen. Denn die Nährstoffe für den Aufbau eines außergewöhnlichen Kapitalgeweihs sind es in Wahrheit, das »Kraftfutter«. Die Krone der Geweihbildung ist der Kronenhirsch. Wer zwei Kronen trägt, ist nahezu vor dem Abschuß sicher, es sei denn, er sei ein sehr alter Herr.
Was es an Meinungsverschiedenheiten auszutragen gibt – man begegnet dem Reichsjägermeister nicht gerade mehr auf Schritt und Tritt, doch dann und wann. Das Wort Ausmerzung der Schlechtveranlagten ist so alt wie Karinhall. Was wäre wohl, wenn man in die deutsche Wildbahn zum Beispiel Ungarnhirsche zur Blutauffrischung einsetzte? »Wir brauchen das fremde Blut nicht!« hat Göring wörtlich hinterlassen. Das »Arische« und das »Nichtarische« spielte seine Rolle. Görings »Gatterbullen« (Scherping) sollten echt deutsche Hirsche sein.
Unschöne asymmetrische Geweihform und schlechte Kronenenden stempeln den Träger eines solchen Geweihes zu einem für die Wildbahn entbehrlichen Hirsch. Also: Finger krumm.

Es ist wahr, viel Illusionäres, Traumhaftes und Phantastisches ist in einem Hirschgeweih. Ende September saß ich zum erstenmal, nachdem wir am Abend vorher zum Verhören noch draußen waren, auf meinen Eins A an.
Es ist nicht alles, was von »meinem« Hirsch zu sagen ist. Er schrie tief und anhaltend, und der Landforstmeister Erich Albert, Chef des Forstamtes Neupfalz im Soonwald, der alte Hirschkenner, sagte: »Das ist er.« Man kriegt keine Platzangst in diesen Wäldern des Schinderhannes, wenn die Hirsche schreien, aber Unruhe überfällt einen. Kurz vor fünf Uhr morgens saßen wir auf der Kanzel. Der Zauber fließender Zeit beim Morgenansitz, die graue Tönung des Himmels, die den Prozeß des Tagwerdens ganz deutlich macht, ist wie ein Lernprozeß über das Universum. Die Realität tritt zurück: Die Sterne verblassen, die Lichtung, an deren Rand die Kanzel steht, wird lichter, Knören eines Hirsches sehr nahe, Schreien eines Hirsches sehr weit. Kaum ein Jagdschriftsteller hat es fertiggebracht, die Schönheit der frühen Morgenstunde in ihrer Anschaulichkeit einzufangen. Die Großartigkeit zu malen, wie der junge Tag anhebt, ist was für Künstler.
Man wünschte, es beschreiben und der Morgenstunde Relief geben zu können.
Ein Reh stand plötzlich da und sicherte. Aber gegenüber, zweihundert Meter entfernt, trat gleich danach ein Hirschrudel, fünf oder sechs Stück, aus der Dickung und lieferte Brunftgetue aus erster Hand. Mit dem Engagement, das einem Hirsch vom vierten oder fünften Kopf zusteht, bedrängte einer ein Schmaltier, ein aufgeregter junger Beihirsch schaute zu. Seine Vorstellungen über die Beziehungen junger Hirsche zum anderen Geschlecht waren noch verworren, die

Kette von Ursache und Wirkung hatte für den Junghirsch merkwürdige Züge.
Wir saßen zwei Tage, morgens, mittags, abends; wir saßen drei Tage, morgens, mittags, abends. Ich benutzte die Triton-Muschel als Hirschruf zum Orgeln und Knören, zum Sprengruf und Siegesschrei. Einzelhirsche zeigten sich, Möchtegerne darunter, kleine Rudel zeigten sich. Der unvermeidliche Gang der Ereignisse zeigte an, daß die meisten Alt- und Schmaltiere bereits beschlagen waren. Ich blieb auf meinen Eins A orientiert.
Es verstößt gegen die Wahrheit, wenn ich sage, am zehnten Tag fiel mein Hirsch. Alles, was sich ereignete, mußte sich ereignen. Ich pirschte mit dem Landforstmeister auf einem Waldweg von einer Kanzel zur anderen Kanzel. Die Fixierung auf den Begriff Zufall ist erlaubt. Mein Hirsch stand mit einem Alttier und dem Kalb etwas hangabwärts auf einer Fläche, er schien schon abgebrunftet. Kein Versuch mehr zum Schreien, Röhren oder Trenzen. Sein Brunftverhalten war nur noch von mangelhafter Qualität. Auf der Schulter des Landforstmeisters legte ich die Büchse an. Assoziationen überkamen mich: Schießt du runter, halt drunter; der Zielstachel, der Schuß.
Ich sagte, ich verstoße gegen die Wahrheit. Denn den Schuß wurde ich nicht los, den Eins A habe ich nicht vorgehabt. Nur die Illusion, er hätte es sein können, ließ mich mit der permanenten Wechselwirkung zwischen Wunsch und Hoffnung zu dem umfassenden Gedankenmuster kommen: Dann ein anderes Mal.
Ich hatte Jahre vorher den Oberlandforstmeister gefragt, wieviel Einladungen jährlich auf einen Eins-A-Hirsch ergingen.

»Zehn bis zwölf«, sagte er.
»Und wieviel kommen zur Strecke?« fragte ich.
»Etwa zwei«, entgegnete er ohne Erröten, »aber dafür hat jeder die Möglichkeit, die Gewißheit zu haben, einen schießen zu können. Das ist doch auch einiges wert. Soviel Eins-A-Hirsche haben wir nicht.«
Wir schauten uns in die Augen, der Oberlandforstmeister und ich, lächelten und waren quitt.

14. Wer einen Treiber erschießt, muß die Witwe heiraten

Wenn Jäger Nabelschau betreiben, und das tun sie gelegentlich, kommt meist nichts Gutes heraus. Wohl ist wahr, Jagd ist Jagd, Schnaps ist Schnaps, und Pech ist Pech. Man hat manchmal einschlägige Stimmungen, und die werden dann zu Problemen.

Ob man eine Bache von zehn Frischlingen wegschießt, versehentlich, versteht sich, weil man sie, die im Gebräch stand, als Keiler ansprach, oder einen Fuchsbau »begast«, um der Tollwut Herr zu werden; ob man einen wahrheitsgemäßen Bericht über die Hinrichtung eines einjährigen Bockes, eines Jährlings, dessen Gehörn noch im Bast steckte, den man auf 180 Meter Entfernung für einen abschußnotwendigen Bock mit knuffigen Stangen hielt – das bleibt hier zu fragen, und wie konnte das nur passieren?

Gibt es nicht Beschämung und dazu Verdruß mit dem eigenen Gewissen, wenn man eine Hauskatze vierhundert Meter außerhalb des Dorfes mit einem schnellen Schuß ins Jenseits befördert, der Besitzer, ein Bauer beim Obstpflücken, Zeuge wird und nun jammernd ankommt und erklärt, die Katze sei das Spieltier seines vierjährigen geisteskranken Kindes gewesen? (Der Bauer bekam eine neue Katze.)

Es ist keine erfundene Nachricht, daß ein Jagdgast einen wertvollen Schäferhund, der hetzend hinter einem Reh war, einen Schrotschuß entgegenwarf und in beiden Augen maßgerecht ein Schrotkorn saß und das Tier blind wurde.

Wir weinen hier nicht aus Selbstmitleid. Aber wenn wir dann dastehen wie ein selbstgerechter Sheriff, dann weiß man, daß der Anfang der Verrottung guter Sitten, auch wenn man im Recht war, schon begonnen hat. Wir Jäger sollten uns dann selber anvisieren. Und abends, im Dorfgasthof, packt man dann aus, und sollte doch ganz kleinlaut sein.

Nach Stunden der Belustigung, daß, wer einen Treiber erschieße, die Witwe heiraten müsse – es ist ein alter Stammbuchvers für Jägersleute –, und der Herablassung, der Mann mit der Katze und der Mann mit dem Schäferhund sollten gefälligst aufpassen, dann müßte einen das große Heulen ankommen.

Oder der Mutwillen jener beiden Forststudenten, die von Göttingen nach Frankfurt fuhren, den großen Straßen auswichen und Kurs über die Dörfer nahmen – es war Sommer und sonntags in der Frühe, vom Wagen aus mit einem Kleinkalibergewehr sechsundzwanzig Katzen in den Dörfern an- oder totschossen. Die Herren, sie bekannten es später, hatten die Nacht durchgezecht und waren also besoffen. (Hier ist ein Einschub notwendig: Dies geschah in den dreißiger Jahren.)

Hier braucht man sich keine überflüssigen Gedanken zu machen. Im Lichte wechselnder Zwangsvorstellungen müßte bei solchem Geschehen das ganz große Kotzen über Jäger und Gejagte kommen. Freuen wir uns, daß nicht die verirrte Kugel aus einem Kleinkalibergewehr der sogenannten Naturschützer uns einmal trifft. Es würde eine schöne Bescherung.

An der Grenze meines Jagdreviers fiel in jedem Jahr am 16. Mai morgens zwischen fünf und sechs Uhr der erste Schuß

und der erste Bock. Vom Nachbarn erlegt. Man findet eine neue Synthese zwischen Dichtung und Wahrheit guter Nachbarschaft. Weiß man jetzt, warum die meisten Jäger von der Nachbarjagd immer vom »Feindlichen« sprechen?
Das entblößte Haupt gesenkt, eine Weile kräftig ein- und ausatmen: Es war dunkel, eine Taschenlampe ging über die gelegte Fasanenstrecke; an die zwanzig Fasanen lagen dort. Sie wurden bei einer Kanonade von einem Dutzend Flinten aus einem Obstbaumgarten, den die Fasanen Abend für Abend als Schlafbäume aufsuchten, heruntergeholt. Längst kein Büchsenlicht mehr; aber gegen das Grau des Nachthimmels sah man die Hähne, vom Treibergeschrei hochgemacht, aus ihren Schlafbäumen abstreichen. Dann, der Beobachter scheut das Wort nicht, wurden sie abgeknallt. Der Jagdherr, es war im Hannoverschen, sagte: »Ganz waidgerecht ist es wohl nicht.« Waidgerecht? Der Beobachter meinte nachher: Hier sei er wohl in den falschen Zug gestiegen. Er war nicht gesonnen, beide Augen zuzudrücken.
Hinten, in einer Ecke, sehe ich tränenumflort Diana sitzen. Offen bleibt, weshalb sie tränenumflort dasitzt. War sie aufgefordert, Public Relations für die Jägerei zu machen?

15. Handwörterbuch für gebildete Stände

Als die Jäger eine besondere Kaste zu bilden anfingen

Entnommen: *Rheinisches Conversations Lexicon oder encyclopädisches Handwörterbuch für gebildete Stände – Herausgegeben von einer Gesellschaft rheinländischer Gelehrten – Mit Genehmigung einer Königl. Preuss. Cencur Behörde*
Cöln am Rhein – Druck und Verlag von Louis Bruére 1835

Jagd, Jägerei, oder Waidewerk ist die Wissenschaft oder Kunst, nützliches Wild in gehöriger Menge und angemessenem Zustand zu erhalten, schädliches aber zu vermindern oder, nach Umständen, ganz auszurotten, und beides auf die zweckmäßigste Art zu benutzen. Die Jagd zerfällt demnach in zwei Hauptabteilungen, deren erste sich mit der Naturgeschichte des Wildes, der Wildzucht und dem Wildschutz beschäftigt, deren zweite aber die Lehren von der Habhaftwerdung des Wildes durch Tödtung oder Fang und der Wildbenutzung enthält. Letztere ist es auch, die man besonders unter dem Worte Jagd oder Waidwerk zu verstehen pflegt, obwohl sie ohne den ersten Theil bald in sich selbst zerfallen muß. Natürlich ist es, daß der zweite Theil der Jagdwissenschaft, oder die eigentliche Jagd, überall der frühere war. Das thätige, frische Leben bei diesem Geschäfte, die mancherlei Abenteuer und die Freude über glücklichen Ausgang der Jagd machen ebenso begierig auf die Wiederholung, als diese, bei der genauen Kenntniß von den Eigenthümlichkeiten des Wildes, mit immer geringern Schwierigkeiten verbunden wird; und so ist der Jäger schon von Anfang an gezwungen, sich mit der Naturgeschichte, der jagdbaren Geschöpfe um so mehr bekannt zu machen, als er von seiner Beschäftigung größeren Vorteil ziehen will. Die Bemerkung, daß das Wild sich bei uneingeschränkter und regelloser Verfolgung, in nur etwas bebauten Ländern, bedeutend verringere, mußte bald auf die Nothwendigkeit einer gewissen Schonung und Hegung desselben aufmerksam machen, und sogar der Wilde wird sich scheuen, wenn er nur einige geläuterte Begriffe hat, ein tragendes Wild zu erlegen. Auch das Vergnügen, das die Herrschenden im Volke an der Jagd fanden, mochte nach und nach Gesetze über den Wildschutz bewirken, und als späterhin Jagdreviere an besondere Besitzer kamen, wurden diese zur Schützung und Hegung des Wildes durch ihren eigenen Vortheil um so mehr bewogen. Als die Jäger, sowie andere Künstler, eine besondere Kaste zu bilden anfingen, entstand auch unter ihnen eine Kunstsprache, die noch immer beibehalten wird, weil sie in kurzen und zum Theil sehr bezeichnenden Ausdrücken Dinge ausspricht, die sonst weitläufiger Beschreibungen bedürfen, und auch durch diese kaum deutlich werden möchten. Die Naturgeschichte des Wildes, wie der Jäger sie kennen muß, besteht nicht nur in der Wissenschaft von dem Bau der inneren und äußeren Theile und der Eintheilung und Benennung derselben, seinen Aufenthalt, seiner Nahrung und Fortpflanzung, sondern besonders auch in der Kenntniß der Eigenthümlichkeiten in seinem Leben und Benehmen, seinen Geschlechts- und Altersverschiedenheiten und seinen Spuren oder Fährten. Wie wichtig dieser letzte Theil der Jagdnaturgeschichte sey, wird daraus erhellen, daß von einem wahren Jäger die Schätzung (das Ansprechen) eines jeden stärkeren Wildes aus der bloßen Spur verlangt wird, daher auch ein solcher ein hirsch- und fährtengerechter Jäger heißt.

Fütterungen und Salzlecken

Die Lehre von der Wildzucht beruht auf der Kenntniß von den Verhältnissen, die jeder Wildart zuträglich oder nachtheilig sind, von dem einer jeden Wildgattung zuträglichen Boden und Orte, von dem gehörigen Verhältniß in der Menge einer jeden Wildgattung zu anderen, und des männlichen und weiblichen Wildes derselben Gattung gegen einander, und den Regeln, wie man neue Wildstände im Freien oder Thiergärten anlegen, oder gesunkenen wieder aufhelfen könne. Wer die Wildzucht versteht, weiß, daß das Rotwild nur große, ruhige zusammenhängende Laubholzwaldungen mit naheliegenden Wiesen, Äckern und klarem Wasser liebt; daß das Dam- und Rehwild weniger große und ruhige, aber trockene, und daß Sauen Brüche und mit Eichen und Buchen besonders angefüllte Waldungen vorziehen. Er wird letztere gar nicht oder nur in geringer Menge und nur in großen Revieren dulden, wenn Edel-, Dam- und Rehwild sich gehörig vermehren soll, und endlich nicht mehr männliches Wild dulden, als füglich beschlagen, nicht mehr weibliches, als beschlagen werden kann. Er wird wissen, wenn es Zeit ist, dem Wilde gegen den Winter durch künstliche Fütterungen zu Hülfe zu kommen, damit es nicht verkümmere, Salzlecken oder Sulzen errichten und einen Thiergarten mit den wenigen Kosten und auf die den Umständen angemessenste Art anzulegen verstehen. Ob es gut sey, bei bevorstehendem

Winter manche Arten von Wild einzufangen und in Ställen oder Zimmern bis zum Frühjahre zu erhalten, wird er, den Verhältnissen nach, erwägen, u. s. w. Insofern der Jäger aber alles, was dem Wilde nachtheilig werden könnte, abzuhalten sucht, übt er den Wildschutz; dieser besteht einerseits in der möglichen Vertilgung alles Raubzeuges, der Wölfe, Füchse, wilden und verwilderten Katzen, der Marder, Iltisse, Wiesel und Raub-Vögel; andererseits in strenger Aufrechterhaltung der Gesetze gegen Wilddieberei, zu vieles und zu unzeitiges Jagen, Verletzungen der Schonzeit und unbefugte Beunruhigungen der Wälder. Die Wildjagd, oder die Kunst, auf die zweckmäßigste Art jagdbare Thiere in seine Gewalt zu bekommen, und die dazu nötigen Instrumente und Hülfsmittel, insofern dieß möglich ist, selbst zu verfertigen und in brauchbarem Stande zu erhalten, geht also aus den ersten Theilen der Jagdwissenschaft hervor und kann nur bei Anwendung jener dauernden Nutzen und Vergnügen gewähren; sowie denn auch jene Theile wieder nur durch gehörige Übung der Jagd selbst in richtiger Anwendung erhalten werden können.

Fasan gehörte zur Hohen Jagd

Die Jagd theilt man, in Hinsicht der zu jagenden Thiere, in Hohe- und Nieder-, oder, in einigen Gegenden, in Hohe-, Mittel- und Niederjagd; zur Hohen Jagd gehören im nördlichen Deutschland das Roth-, Dam-, Reh- und Schwarzwild, der Bär, Wolf und Luchs, das Auer- und Birkenwildpret, der Fasan, der Trappe, Kranich und Schwan. Alles Uebrige rechnet man zur niedern Jagd; wo aber eine Mitteljagd ist, da rechnet man zu dieser das Reh- und Schwarzwild, das Birk- und Haselwildpret und den großen Brachvogel. Das Raubzeug indessen, mag es zur hohen oder niedern Jagd gehören, soll billig von jedem Jagdberechtigten geschossen werden können, auch keine Ansprüche auf irgend eine Schon- oder Hegezeit machen dürfen; denn der Schade, den seine Vermehrung erzeugt, wiegt bei weitem den Vortheil des zur Winterzeit bessern Balges auf; auch ist diese Einrichtung, unseres Wissens, schon in mehreren Ländern eingeführt. Die Jagd auf hohes sowohl als niederes Wild wird nun den Umständen nach, auf sehr verschiedene Art betrieben: die älteste Weise und die gewiß jeder rechte Jäger allen anderen vorzieht, besteht darin, daß man im Walde oder Felde umherschleicht, dem Wilde unbemerkt näher zu kommen sucht und es dann durch einen Schuß mit Feuergewehr erlegt; dies Verfahren ist es, was man bei Hochwild Pürschgang oder Waidewerken, bei Niederwild aber Suche zu nennen pflegt, obwohl man bei der Suche nicht immer gerade das Wild zu beschleichen sucht, sondern diesem, da es weder so scheu ist als das Hochwild, noch so weit gesehen werden kann, gewöhnlich, wenn es entfliehen will, ohnehin nahe genug ist, um es schießen zu können. Den Pürschgang macht gewöhnlich ein Jäger allein oder 2 Jäger in Gesellschaft, damit der Eine, während der Andre sich anschleicht, sich auf dem Wechsel (oder dem Orte, durch welchen das Wild zu ziehen pflegt) vorwerfen und auch zu Schusse kommen könne; da es indessen auch dem besten Schützen begegnen kann, einen Schuß zu thun, der das Wild weder sogleich noch nach kurzer Zeit niederstreckt, so pflegt man beim Pürschgang einen Hund mit sich zu führen, der darauf abgerichtet ist, der blutigen Fährte des angeschossenen (kranken) Wildes zu folgen (der auf den Schweiß gearbeitet ist). Man führt diesen an einer Leine (Schweißriemen) mit sich, bringt ihn auf den frischen Schweiß und folgt so der Fährte, bis man das Wild wieder erblickt, welches nun entweder todt (verendet) ist, oder durch einen neuen Schuß zu Boden gestreckt wird. Der beste Schuß für alle Arten von Hochwild ist der mit der Kugelbüchse auf das Blatt (Schulterblatt) von der Seite, worauf es nach einigen Sätzen gewöhnlich todt niederfällt. Kann man es aber (nur nicht die Sauen, da man von diesen den Kopf zum Gerichte liebt) auf den Kopf, oder im Halse durch die Wirbel schießen, so stürzt es auf der Stelle (im Feuer). Bei der Suche, die besonders Hasen, Feldhühnern, Schnepfen oder Bekassinen, doch auch vieles andere Haar- und Federwildpret zum Gegenstande hat, bedarf man ebenfalls eines Hundes, der durch seinen Geruch (Nase) das Wild ausfindig zu machen weiß, es aufsucht, und, indem er in einer bestimmten Stellung davor stehen bleibt (markiert), den Jäger darauf aufmerksam macht; dieser nähert sich dann so viel wie nöthig, läßt den Hund einspringen und erlegt dann das aufgestobene Wild, welches nun vom Hunde apportiert (gebracht) wird.

Anstand, Ansitz oder die Kuro

Auch pflegt man manche Arten von Wild durch Nachahmung ihres Locktones (z. B. den Rehbock durch das sogenannte Blatten) und Wölfe und Füchse durch den Thon eines geängstigten Hasen anzulocken und zu schießen. Fast ebenso allgemein anwendbar ist das Treibjagen, wo eine bestimmte Zahl von Schützen sich in einer Linie, einem Winkel oder einem halben Monde verborgen anlegt, während eine verhältnismäßige Zahl von Treibern in einem halben Monde ihnen entgegenrückt und so das zwischen der Treiblinie (Wehr) und den Schützen befindliche Wild auf letztere zutreibt. Auch bei diesen letzten Arten von Jagden werden, wenn der Gegenstand derselben im Hochwild besteht, Schweißhunde, geht die Jagd aber auf Niederwild, Hühnerhunde erfordert, um das etwa krank geschossene Wild verfolgen und stellen, oder apportieren zu können. In Gegenden, wo das Wild nicht sehr zahlreich ist, pflegt man dasselbe durch Jagdhunde (Braken, Wildbodenhunde) aufsuchen und sich zutreiben zu lassen, um es so zu erlegen. Ferner gibt es mancherlei Jagden, bei welchen das Wild (gewöhnlich Hochwild) mit Netzen, Lappen oder Tüchern zum Theil oder ganz umstellt und dann in diesem eingestellten Bezirke erlegt, und welche Contra-, Kessel-, Bestätigte, Fanghauptjagden genannt werden, je nachdem die Netze und dergl. auf die eine oder andere Art angewandt werden; alle diese Jagden zwecken gewöhnlich darauf ab, in kurzer Zeit und mit Bequemlichkeit viel Wild zu erlegen, und werden mithin meistens nur zum Vergnügen von großen Herren gegeben. Doch pflegt man auch wohl bei Treibjagden auf Hasen Prellnetze hinter die Schützenlinie zu stellen, um die Jagd erträglicher zu machen, auch wird bisweilen das mit Tüchern umstellte Wild nicht erlegt, sondern eingefangen, um entweder in Thiergärten ausgesetzt oder zum Vergnügen gezähmt zu werden. Außer diesen und ähnlichen Arten von Jagden, bei denen der Mensch die Hauptrolle spielt, gibt es auch viele, bei denen Hunde mehr thun müssen als Menschen. Den obersten Platz verdient unter diesen die Parforcejagd, bei welcher ein Hirsch (fast immer ein starker Rothirsch) von

einer großen Anzahl (Meute) besonderer Hunde, die man Parforcehunde nennt, so lange verfolgt wird, bis er aus Müdigkeit oder Zorn sich stellt, worauf dann durch eine Kugel auf den Kopf, oder einen Stich (Fang) hinter dem Blatte ins Herz seinem Leben ein Ende gemacht wird. Da es bei dieser Jagd nicht auf Wildbenutzung abgesehen, die Meute sehr kostbar zu unterhalten ist und überdieß viele Jäger zu Pferde, und ein eigens dafür mit gebahnten Wegen versehenes Revier dazu erforderlich ist: so kann sie nur ein Vergnügen für große Herren seyn. Mehr der großen Kosten und der Unruhe wegen, die die Parforcejagd in Revieren verursacht, ist sie jetzt seltener geworden, als weil man sie für zu grausam hielte, denn so oft ihr dieser Vorwurf auch gemacht worden ist, so ist doch so viel gewiß, daß Jeder beim fröhlichen Läuten der Meute, den Hornfanfaren, dem Peitschenknallen und dem ganzen Gejauchze der Jagd alles Andere vergißt und sich nach Wiederholung des Vergnügens sehnt. Auch andere Arten von Wild, als Hasen, Füchse, Dachse und wild Schweine, pflegt man insofern die Hunde darauf gearbeitet sind, parforce zu jagen. Gewöhnlicher aber ist bei diesen Wildgattungen das Hetzen, wozu man sich bei Hasen und Füchsen der Windhunde, bei wilden Schweinen der schweren Hatzhunde und bei Dächsen der Dachssucher bedient. Füchse und Dächse werden außerdem in ihren Bauen durch krummläufige Hunde (Dächse) aufgesucht und festgemacht, worauf man dann an dem Orte, wo man den Hund am deutlichsten bellen hört, den Bau aufgräbt und seinen Einwohner mit einer Zange hervorzieht und todtschlägt. Außer den Hunden bedient man sich noch des Frettchens, indessen bloß zu der Kaninchenjagd, man verlegt die Eingänge eines Kaninchenbaues mit Netzen und läßt ein oder mehrere

Frettchen hinein, worauf denn die Kaninchen herausfahren und sich in den Netzen fangen.

Das Pferd, das kluge Thier

Die Falken, die man in früheren Zeiten zur Jagd auf Hasen, Reiher und andres Wild abrichtete, sind jetzt fast ganz außer Gebrauch gekommen. Wohl aber gehört zu den bei der Jagd zu gebrauchenden Thieren das Pferd, nicht bloß, insofern man bei der Parforcejagd, den Hetzen u. s. w. beritten seyn muß, sondern auch besonders, weil dieß treue und kluge Thier, vor dem sich das Wild nicht scheut, sich so abrichten läßt, daß es, in einer weidenden Stellung dahin schreitend, dem nebenher gehenden Jäger als Schirm dient, um nahe an das Wildpret zu kommen. Dieß sind die, wenigstens in unseren Gegenden, gebräuchlichen Arten die Jagd auszuüben; außer ihnen gibt es aber auch viele Arten, das Wild durch Fallen, Netze und andre Vorrichtungen todt oder lebendig in seine Gewalt zu bekommen. Dem Hochwilde pflegt man jedoch, außer den oben erwähnten Fangarten, nicht auf diese Art nachzustellen, selten auch den Hasen und Feldhühnern; am öftesten aber dem Raubzeuge, Wölfen und Füchsen, Mardern und den Wildgattungen, die man, wie Otter und Biber, selten zu Schuß bekommt, weil sie sich zu gut zu verbergen wissen, und den geringen Federwildgattungen, deren Einzelne man keines Schusses werth hält, wie Drosseln und Lerchen. Außer den Wolfs- und Bärengruben, die in unseren Gegenden wohl kaum noch gebraucht werden, und den Selbstschüssen, die ihrer Gefährlichkeit für Menschen und Hausvieh wegen, ziemlich abgekommen sind, mögen wohl die sogenannten Prügel- und Mordfallen die ältesten seyn, bei denen das Wild, wenn es am Köder nascht, durch einen herabfallenden Balken erschlagen wird. Am gebräuchlichsten auf Wölfe, Füchse, Biber, Ottern, wild Katzen, Marder und Iltisse, die entweder mit Köder versehen, das Wild anlocken, oder auf dessen Wechsel gestellt werden, sodaß es hineintreten muß. Auf Wölfe und Füchse pflegt man auch die Angeleisen zu legen, welche, wenn das Wild den daran gesteckten Bissen ergreift, durch Widerhaken, die mittels einer Feder auseinanderschnellen, demselben im Rachen sitzen bleiben; und zum Fange der Raubvögel hat man eigene Fangapparate, Habichtstoß und Rönne genannt, bei denen der auf eine Taube oder dergl. herabstoßende Räuber selbst ein Netz über sich herzieht. Die Netze sind entweder so beschaffen, daß das Wild (meist Federwild) in dieselben hineinstößt und sich darin verwickelt und hängen bleibt, oder so, daß das im Bereich der Netze einfallende oder sich befindende Wild von denselben überdeckt wird.

Garne, Tyrass, Draht und Leimruthen

Zu den ersten gehören, außer den oben berührten Fanggarnen für Hochwild, noch die Klebgarne, welche senkrecht an Stangen aufgehängt werden, und unter denen die Taggarne für Lerchen und der sogenannte Schnepfenstoß am bekanntesten sind. Jene, die Lerchentaggarne, bestehen aus 5 und mehren Reihen oder Wänden 6–7 Fuß hoher Garne, welche zur Zeit des Sonnenunterganges gegen Morgen gestellt, und worauf die Lerchen zugetrieben werden; der Schnepfenstoß aber ist ein luftgraues Netz, welches auf freien Waldplätzen, wo Schnepfen zu streichen pflegen, zur gehörigen Zeit in solcher Höhe aufgezogen wird, daß die durchstreichenden Schnepfen hineinstoßen und sich verwickeln müssen. Ferner gehören hierher noch der Entenfang, die Treibzeuge auf Fasanen, Feldhühner und Wachteln, und die Steckgarne auf Hasen und Hühner, die entweder bussenreich oder so gestellt werden, daß sie sich allmählig verengern. Zur zweiten Abtheilung von Netzen aber gehören: der Tyraß, ein ziemlich großes Netz, welches von zwei Personen so geführt wird, daß ein durch den Hühnerdieb markirtes Feldhuhn, eine Wachtel oder Bekassine damit überzogen und beim Herausstieben gefangen wird, und die Herde oder Schlaggarne, welche so gelegt werden, daß man sie mittelst einer Leine zuziehen, und die durch Lockton, Köder oder Ruhr- und Lockvögel herbeigezogenen Wasserschnepfen, Bekassinen oder kleineren Singvögel damit überdecken kann. Eine andere Art, das Wild zu fangen, sind die Schlingen. Mit einfachen Schlingen oder Fangschlingen von geglühtem Draht fängt man Hasen oder Wiesel, mit eben solchen einfachen Schlingen, oder Laufdohnen von Pferdehaaren, Schnepfen, Enten und auch wohl andres Wild, indem man diese auf die Wechsel stellt, sodaß das Wild hineintreten oder mit dem Kopf hineinfahren muß. Hängedohnen und Sprenkel, deren man sich zum Fange der Drosselarten und mancher Singvögel bedient, sind so eingerichtet, daß die durch Beeren angelockten Vögel, entweder indem sie mit dem Kopfe durch die Schlinge fahren, oder indem sie auf ein Stellholz treten, welches abspringt, am Halse oder den Füßen gefangen werden. Außerdem fängt man kleinere Vögel wohl auch durch Leimruthen, und mag, wenn man will, auch das vergiften des Raubzeuges durch mit Krähenaugen oder Arsenik eingeriebenes Luder zur Jagd rechnen, obwohl letzteres Verfahren, als unwaidmännisch, nur dem Nichtjäger und nur gegen Wölfe erlaubt seyn sollte. Die Wildbenutzung oder der Theil der Jägerei, welcher sich damit beschäftigt, aus der Jagd den möglichsten Nutzen zu ziehen, erfordert: die Kenntniß der gehörigen Jagdzeiten für jede Art von Wild; die Beurtheilung, wie viel dem Wilde ohne Nachtheil für künftige Zeiten Abbruch gethan werden dürfe; die Kunst das Wild auf die seinem Werthe am wenigsten nachtheilige Art zu erlegen, ebenso aufzubrechen, abzuwirken und zu zerlegen, seinen Transport zweckmäßig einzurichten, die Bälge gehörig zu erhalten, und endlich die Berechnungen des Geldertrages regelmäßig zu führen. Auch dieser Zweig der Jagdwissenschaft ist mithin mit den anderen unmittelbar und so verbunden, daß alle ineinandergreifen, und keiner ohne den anderen bestehen kann. Das Ganze der Jägerei wird in dem anerkannt vortrefflichen »Handbuch für Jäger, Jagdberechtigte und Jagdliebhaber« von G. F. D. aus dem Winckell (2. Aufl. Lpz. 1820–22, 3 Bde.) abgehandelt.

16. Ein Nachwort, in dem der »Waidwerker« entdeckt wird

Ums Jahr 2000, also mit Beginn des XXI. Jahrhunderts, es dauert kein Vierteljahrhundert mehr, werden wir Jäger, wenn ich es richtig sehe, nicht mehr in jenem Verhältnis zur Jagd leben, das generationenlang seine Faszination ausmachte. Wir werden es immer noch Passion nennen, das ist also: Leidenschaft, leidenschaftliche Hingabe. Die Quelle des Wortes ist zwar das spätlateinische »passio« = Leiden, Erdulden, aber die jüngere Bedeutung der »Passion« ist dann ins Partizipialadjektiv »passioniert« abgeleitet. Aber die Jagd wird anders geworden sein.

Wir Passionierten nun, ohne daß wir uns im klaren sind, werden immer noch in Spannung leben mit unseren Wildschutzprotestlern. Womöglich fliegen wir mit dem ersten Lufttaxi ins Revier. Per Elektronik wird man heute ohnehin schon vom einen Teil des Reviers in den anderen gerufen: »Herr Doktor, Ihr Hirsch ist gerade am X-Berg auf die Fläche getreten.«

Vielleicht leben wir zu hoch in den Wolken. Vielleicht entzieht sich das waidmännische Fluidum ums Jahr 2000 der exakten Beschreibung. Nur vage bildhaft entsinnen sich die Älteren noch des Professors Grzimek, wie er über die Fernsehschirme wanderte und einerseits und andererseits so angenehm über das Wildtier plauderte und die Postschecknummern nie vergaß. Ums Jahr 2000 werden wir Jäger mit Hilfe der technischen Möglichkeiten und der Wissenschaft neue

Strukturen auch für die Jagd gefunden haben. Viel Information hat man uns bis dahin vermittelt, weitgehend mittels der Computer und, wie das schöne Wort heißt, der Verdatung. Wir werden wohl bis dahin das Fortschreiten in der jagdlichen Wissenschaft erleben; ob es auch ein Fortschritt ist, wer will das wissen.

Ums Jahr 2000 werden auch wir Jäger den Blick fürs XXI. Jahrhundert frei haben, Visionen kommen über uns, die womöglich zuerst als Luftschloß konzipiert sind, aber doch bald ein festes Fundament haben werden. Wir Jäger mögen jetzt, ein Vierteljahrhundert vor der nächsten Jahrhundertwende, noch so konservativ unsere Positionen verteidigen, die Jagd der Zukunft wird sich verändern.

Es wird kaum üble Nachrede sein, wenn wir dann im Sprachschatz der Soziologen »Waidwerker« heißen. Diese fatale Möglichkeit der Umbenennung hat die Soziologie bisher geschickt vermieden und umgangen. In der letzten Duden-Etymologie ist noch nichts dergleichen zu lesen, aber das Verb »bewerkstelligen« ist da. Wir Waidwerker werden demnächst das Jagen und Hegen bewerkstelligen.

Die expandierende Entwicklung der Jagd verlangt von der Sprache, die auch im stetigen Wandel begriffen ist, sich anzupassen. Noch sind über die Jagd keine heftigen und hektischen Diskussionen im Gang, wie sie heute allerorten stattfinden, zumeist in ideologischer Verbrämung und zumeist zwischen den Fronten spätkapitalistischer und neomarxistischer Systeme, um uns etwas gebildet auszudrücken. Aber auf der neuen Bezeichnung »Waidwerker« werden wir sitzenbleiben.

Waidgeselle und Waidgenosse – das war generationenlang die kameradschaftliche Form der Anrede. Hier haben wir festen Boden unter den Füßen, und hier finden wir immer eine Ausrede. Heute sagt der Jagdpräsident bei der Anrede: »Liebe Jäger«. Doch nun dies: Waidwerker. Hier wird eine neue Ideologie zementiert. Man könnte sagen, wo wir schon ins neue Jahrhundert treten: Gott sei Dank. Ebensogut könnte man formulieren: Die Angst des Tormanns beim Elfmeter. Waidwerker! Waidwerker? Heißt es nicht auch Müllwerker? Waidmann und Müllmann – das hält sich doch in Grenzen.

Es hält sich in Grenzen, sagte ich. Es erinnert an den jungen Forststudenten, von dem der Professor im Staatsexamen etwas über die Tollwut erfahren will. Der Student, nur auf den Fuchs eingebimst, antwortet so: Die Tollwut ist diejenige von den auf den Menschen übertragbaren Tierseuchen, die als solche der Menschheit am längsten bekannt ist. Der Vi-

rus dieser Seuche wird hauptsächlich vom Fuchs übertragen. Was den Fuchs betrifft, ist er ein hundeartiges Raubtier mit hochläufigem, gestrecktem, fast walzenförmigem Leib, länglicher, schiefgestellter Pupille und ist über ganz Europa, das nördliche Asien und Amerika verbreitet. Diese Examenstricks und -schliche sind alt; manchmal haben sie nur mehr Substanz.

In diesen wenigen Kapiteln tritt die Ironie in ihr Recht. Da hat sich der Bock, den ich waidwund schoß, im Straßengraben an der Kreisstraße 23 niedergetan, im Wundbett. Bevor ich an ihn herantreten kann, um ihm den Fangschuß auf den Träger zu geben, ist schon das Spaziergängerpaar aus Gütersloh da und ruft: »Hier ist das Reh. Das arme Reh.« Was soll man bloß der Presse sagen, wenn jetzt einer von dieser Sorte käme? Der alte Bauer hat sein Augenmerk auf den Fasan gerichtet, der sich hier, einen Ständer nachschleppend, also ebenfalls krankgeschossen, im Brombeergestrüpp drückt und gewissermaßen modellartig zeigt, wie sich ein verwundetes Tier vor dem Menschen und seinem Gehilfen, dem Hund, in Sicherheit bringt. Es bettelt mit dem Blick: Schieße!

Menschliches Versagen ist schuld, daß sich der schwer angeschweißte Schwarzwild-Überläufer im Schilf drückt. Aber es ist noch deutlich Leben im Wildkörper, bevor ich das Tier mit dem Waidmesser abfange.

Über eine Vielzahl von Bereichen erstreckt sich das Töten des Wildtieres. Es gibt keine klipp und klare Antwort darauf, wieviel Fehlverhalten seitens des Schießenden vorliegt. Wieviel und welche Delikte gegenüber der Kreatur wir vollbringen – wer will es wissen. Es bleibt das Dilemma uns selbst gegenüber. Müßten wir nicht, rundheraus gefragt, das

Gewehr, die Büchse und die Flinte an den Nagel hängen? Doch dies zu fragen, heißt unterstellen, daß das ganze vertrackte Unternehmen Jagd, von dem ich schon im Vorwort sagte, es sei ein schillerndes Stück, auf unsicheren Füßen steht. Die Antwort ist einfach genug: Ich sehe keine Veranlassung, dies zu fragen.

Kauf dir einen Kaiser

Günter Ogger

Die Geschichte der Fugger

Droemer Knaur

Hurra wir leben noch

Johannes Mario Simmel

Roman

Droemer